ISW 37

Berichte aus dem Institut für Steuerungstechnik
der Werkzeugmaschinen und Fertigungseinrichtungen
der Universität Stuttgart

Herausgegeben von Prof. Dr.-Ing. G. Stute

W. DÖTTLING

Flexible Fertigungssysteme

Steuerung und Überwachung des Fertigungsablaufs

Springer-Verlag
Berlin · Heidelberg · New York 1981

D 93

Mit 48 Abbildungen

ISBN-13: 978-3-642-81635-2   e-ISBN-13: 978-3-642-81634-5
DOI: 10.1007/978-3-642-81634-5

2362/3020-543210

Geleitwort des Herausgebers

Das Institut für Steuerungstechnik der Werkzeugmaschinen und Fertigungseinrichtungen der Universität Stuttgart befaßt sich mit den neuen Entwicklungen der Werkzeugmaschinen und anderen Fertigungseinrichtungen, die insbesondere durch den erhöhten Anteil der Steuerungstechnik an den Gesamtanlagen gekennzeichnet sind. Dabei stehen die numerisch gesteuerten Werkzeugmaschinen in Programmierung, Steuerung, Konstruktion und Arbeitseinsatz sowie die vermehrte Verwendung des Digitalrechners in Konstruktion und Fertigung im Vordergrund des Interesses.

Im Rahmen dieser Buchreihe sollen in zwangloser Folge drei bis fünf Berichte pro Jahr erscheinen, in welchen über einzelne Forschungsarbeiten berichtet wird. Vorzugsweise kommen hierbei Forschungsergebnisse, Dissertationen, Vorlesungsmanuskripte und Seminarausarbeitungen zur Veröffentlichung.

Diese Berichte sollen dem in der Praxis stehenden Ingenieur zur Weiterbildung dienen und helfen, Aufgaben auf diesem Gebiet der Steuerungstechnik zu lösen. Der Studierende kann mit diesen Berichten sein Wissen vertiefen.

Unter dem Gesichtspunkt einer schnellen und kostengünstigen Drucklegung wird auf besondere Ausstattung verzichtet und die Buchreihe im Fotodruck hergestellt.

Der Herausgeber dankt dem Springer-Verlag für Hinweise zur äußeren Gestaltung und Übernahme des Buchvertriebs.

Gottfried Stute

Inhaltsverzeichnis

		Seite
Schrifttum		8
Begriffe, Abkürzungen, Formelzeichen		12
1	Einleitung	13
2	Einführung in die Problematik von FFS	15
2.1	Auslegung von FFS	15
2.2	Funktionen von FFS	17
2.3	Steuerungsaufgaben in FFS	20
2.4	Steuerdaten für FFS	22
2.5	Ausgangsfragestellung	24
3	Analyse der Aufgaben und Einflußgrößen der organisatorischen Steuerung	25
3.1	Organisatorischer Fertigungsablauf	25
3.1.1	Örtlicher Fertigungsablauf	25
3.1.2	Zeitlicher Fertigungsablauf	26
3.2	Aufgaben der organisatorischen Steuerung	28
3.2.1	Planen der Maschinenbelegung	28
3.2.2	Steuern und Überwachen des Fertigungsablaufs	29
3.3	Einflußgrößen auf die organisatorische Steuerung	30
3.3.1	Einfluß der Systemauslegung	30
3.3.1.1	Maschinenkonzeption	30
3.3.1.2	Werkstückfluß	33
3.3.1.3	Werkzeugfluß	34
3.3.2	Einfluß des Werkstückspektrums	35
3.3.2.1	Aufteilung der Bearbeitung	35
3.3.2.2	Alternative Arbeitsvorgänge	36
3.3.2.3	Variable Bearbeitungsfolgen	37
3.3.3	Bewertung der Einflußgrößen und resultierende Freiheitsgrade	41
4	Datengrundlage für die Steuerung von FFS	43
4.1	Analyse des Informationsflusses von FFS	43

		Seite
4.2	Arbeitspläne mit alternativen Bearbeitungspfaden	45
4.2.1	Anforderungen an Arbeitspläne für FFS	45
4.2.2	Darstellungsmöglichkeiten	46
4.2.3	Bewertung der verschiedenen Darstellungsformen	48
4.2.4	Zustandsorientierte Arbeitsplandarstellung	50
4.2.4.1	Arbeitsvorgänge und Arbeitsvorgangsfolgen	50
4.2.4.2	Fertigungsabläufe in zustandsorientierter Darstellung	52
4.2.4.3	Arbeitsplanstruktur in Matrizendarstellung	54
4.3	Dateien zur Fertigungsfortschrittsführung	56
4.4	Maschinenbelegungsdatei	57
4.5	Systemzustandsdatei	58
5	Struktur der organisatorischen Steuerung von FFS	60
5.1	Die organisatorische Steuerung als Regelkreis	60
5.2	Strukturvarianten	61
5.2.1	Off-line-Planung	61
5.2.2	Kombinierte Planung	63
5.2.3	On-line-Planung	65
5.3	Gegenüberstellung der Strukturvarianten	66
6	Entwicklung von Programmbausteinen zur Disposition im Steuerungssystem einer Pilotanlage	68
6.1	Aufgabenstellung	68
6.1.1	Auslegung der Pilotanlage	68
6.1.2	Steuerungssystem der Pilotanlage	70
6.1.3	Randbedingungen, Anforderungen	71
6.2	Programmstruktur der organisatorischen Steuerung der Pilotlanlage	73
6.3	Programmbausteine	75
6.3.1	Arbeitsverteilung	76
6.3.2	Überwachung des Fertigungsablaufs	77
6.3.3	Werkstückzustandsfortschreibung	79
6.3.4	Überwachung der Systemkomponenten	80

                                                    Seite

6.3.5	Umdisposition	82
6.3.6	Bedienung	84
6.3.7	Simulation	85
6.4	Abarbeitung einer geplanten Maschinenbelegung	87
6.4.1	Beauftragung	87
6.4.2	Programmablauf	88
6.4.3	Auswirkungen der Umdisposition	89
6.5	Maschinenbelegungsplanung	93
6.5.1	Methode	93
6.5.2	Programmablauf	94
6.5.3	Auswirkungen der verschiedenen Prioritätsregeln	95
7	**Einbeziehung des Werkzeugflusses in den Fertigungsablauf**	98
7.1	Aufgaben	98
7.2	Werkzeugdisposition	99
8	**Zusammenfassung**	102

Schrifttum

/1/ Stute, G.   Flexible Fertigungssysteme.
                          wt-Z. ind. Fertig. 64 (1974) Nr. 3,
                          S. 147...156.

/2/ Stute, G. u. a.   Grundlagen der Prozeßautomatisierung
                          für die Fertigung / Prozeßsteuerung
                          (Steuerung flexibler Fertigungssysteme).
                          KFK-PDV-Bericht 107, Februar 1977.

/3/ Hormann, D.   Betrieb rechnergesteuerter Fertigungs-
                          systeme.
                          Diss. TH Aachen, 1973.

/4/ Wilhelm, R.,   Auslegung und Organisation des Mate-
    Döttling, W.   rialflusses eines flexiblen Fertigungs-
                          systems.
                          wt-Z. ind. Fertig. 67 (1977) Nr. 1,
                          S. 25...29.

/5/ Döttling, W.,   Einbeziehung neuer Aufgaben in den
    Herrscher, A.   Informationsfluß von flexiblen Fer-
                          tigungssystemen.
                          wt-Z. ind. Fertig. 69 (1979) Nr. 8,
                          S. 489...494.

/6/ Wilhelm, R.   Planung und Auslegung des Material-
                          flusses flexibler Fertigungssysteme.
                          Berlin, Heidelberg, New York:
                          Springer - Verlag 1978.

/7/ Warnecke, H.J.,   Auslegung der Verkettungseinrichtungen
    Gericke, E.,   flexibler Fertigungssysteme mit Hilfe
    Vettin, G.   der Simulation.
                          Proceedings of the CIRP-Seminar on
                          Manufacturing Systems, Vol. 5 (1976) 3,
                          S. 155...164.

/ 8/ Storr, A.   Planung und Realisierung flexibler
                       Fertigungssysteme.
                       wt-Z. ind. Fertig. 69 (1979) Nr.11,
                       S. 681...691.

/ 9/ Döttling, W.   Steuerung und Überwachung des Ferti-
                       gungsablaufs in flexiblen Fertigungs-
                       systemen.
                       Essen: Girardet - Verlag, HGF-Kurzbe-
                       richte (Lose-Blatt-Sammlung) 77/72.

/10/ Herrscher, A.   Steuerdatenabarbeitung in einem Steuer-
                       system für flexible Fertigungssysteme.
                       Essen: Girardet - Verlag, HGF-Kurzbe-
                       richte (Lose-Blatt-Sammlung) 77/36.

/11/ Stute, G.,   Betriebsdatenerfassung in flexiblen
     Döttling, W.,   Fertigungssystemen.
     Wörn, H.   wt-Z. ind. Fertig. 66 (1976) Nr. 1,
                       S. 1...6.

/12/ Döttling, W.,   Steuerung des Fertigungsablaufs und
     Firnau, J.   des Materialflusses in flexiblen Fer-
                       tigungssystemen.
                       wt-Z. ind. Fertig. 67 (1977) Nr. 7,
                       S. 397...403.

/13/ Mellerowicz, K.   Betriebswirtschaftslehre der Industrie
                       2. Band.
                       5. Auflage, Freiburg i. Br. 1958

/14/ Stute, G. u. a.   Prozeßüberwachung in flexiblen Fer-
                       tigungssystemen.
                       KFK-PDV-Bericht 148, Mai 1978.

/15/ Autorenkollektiv   Software für flexible Fertigungssysteme.
                       Bericht des PDV-Arbeitskreises.
                       ZwF 74 (1979) 10, S. 505...511.

/16/ Stute, G.,   Organizational Control and Super-
     Storr, A.,   vision of Control Data Processing
     Döttling, W.,   in Integrated Manufacturing Systems.
     Firnau, J.   Annals of the CIRP, Vol. 27 (1978) 1,
                       S. 399...403.

/17/ Holzschuh, G.   Was ist Netzplantechnik?
                       Berlin: Elitera - Verlag 1973.

/18/ Warnecke, H.J.,   Kurzfristige Kapazitätsminderung bei
     Maier, U.   flexiblen Fertigungssystemen auf der
                       Basis variabel aufgebauter Arbeitspläne.
                       Proceedings of the CIRP Seminars on
                       Manufacturing Systems, Vol. 5 (1976) 3,
                       S. 269...278.

/19/ König, H.   Beitrag zur Strukturanalyse und zum
                       Entwurf von Steuerungen für Ferti-
                       gungseinrichtungen.
                       Berlin, Heidelberg, New York: Springer -
                       Verlag 1976.

/20/ Nieß, P.S.   Fertigungssteuerung im flexiblen Ferti-
                       gungssystem unter besonderer Berück-
                       sichtigung des Kapazitätsabgleichs.
                       Diss. Universität Stuttgart 1979.

/21/ Stute, G.   Die Entwicklung der Steuerungstechnik
                       unter dem Einfluß der Bauelemente.
                       wt-Z. ind. Fertig. 66 (1976) Nr. 12,
                       S. 683...690.

/22/ Stute, G.,   Flexibles Fertigungssystem - Aufbau
     Storr, A.,   einer Modellanlage.
     Binder, D.,   Annals of the CIRP, Vol. 24 (1975) 1,
     Wilhelm, R.   S. 285...290.

/23/ Steinhilber, H.   Anforderungen an den Werkzeugfluß
                         flexibler Fertigungssysteme.
                         Essen: Girardet - Verlag, HGF-Kurzbe-
                         richte (Lose-Blatt-Sammlung) 79/22.

/24/ Stute, G.,   Die Steuerung flexibler Fertigungs-
     Storr, A.,   systeme.
     Binder, D.   wt-Z. ind. Fertig. 65 (1975) Nr. 6,
                         S. 313...318.

/25/ Heß-Kinzer, D.   Produktionsplanung und -steuerung
                         mit EDV.
                         Stuttgart, Wiesbaden: Forkel - Verlag
                         1976.

/26/ Schwager, J.   Externe Diagnosesysteme für PC-ge-
                         steuerte Maschinen.
                         Essen: Girardet - Verlag, HGF-Kurzbe-
                         richte (Lose-Blatt-Sammlung) 80/9.

/27/ Wörn, H.,   Wirkungsweise und Einsatzmöglichkeiten
     Döttling, W.   eines Eingriffsensors.
                         wt-Z. ind. Fertig. 67 (1977) Nr. 5,
                         S. 293...295.

/28/ Warnecke, H.J.,   Fertigungssteuerung bei flexiblen
     Giuliani, O.,   Fertigungssystemen.
     Maier, U.,   wt-Z. ind. Fertig. 64 (1974) Nr. 8,
     Nieß, P.S.   S. 440...447.

/29/ Berr, U.,   Einfluß von Prioritätsregeln auf die
     Tangermann, H.-P.   Kapazitätsterminierung der Werkstatt-
                         fertigung.
                         wt-Z. ind. Fertig. 66 (1976) Nr. 1,
                         S. 7...12.

Abkürzungsverzeichnis

AS	Arbeitsschritt = Arbeitsumfang definierter Größe zur Beschreibung des Werkstückzustands.
AVG	Arbeitsvorgang = Bearbeitung, die auf einer Maschine mit einem NC-Programm durchgeführt wird.
CNC	Computer Numerical Control
DNC	Direct Numerical Control
DV	Datenverarbeitung
FFS	Flexibles Fertigungssystem
LK	Lochkarte
LS	Lochstreifen
M	Maschine
MNR	Maschinennummer
NC	Numerical Control (numerische Steuerung)
WST	Werkstück
WZ	Werkzeug
Z	Werkstückzustand
ZW	Zustandswort

Formelzeichen

a	Anzahl alternativer Arbeitsvorgänge
e	Anzahl Elemente der Gruppen
g	Anzahl Gruppen
m	Anzahl mittelbarer Nachfolger
n	Anzahl Nachbarschaftsgruppen
p	Anzahl verschiedener Bearbeitungspfade
s	Anzahl Arbeitsschritte
u	Anzahl unmittelbarer Nachfolger
T	Zeit
T_a	Störungsbedingte Ausfallsdauer
T_B	Gesamtbearbeitungsdauer
T_s	Störungsdauer
T_u	Dauer unabhängiger Bearbeitungen

1 Einleitung

Nachdem in der Großserienfertigung eine weitgehende Ratio-
nalisierung durch Automatisierung des Fertigungsprozesses
und damit eine erhöhte Produktivität erreicht werden konnte,
stellt sich die Frage nach geeigneten Rationalisierungsver-
fahren auch für die Bereiche Einzel-, Klein- und Mittelserien-
fertigung.

Sondermaschinen für die Bearbeitung bestimmter Werkstücke bzw.
bestimmter Aufgaben mit sehr hoher Produktivität, wie sie Automaten darstellen oder gar spezielle Fertigungslinien für die
Gesamtbearbeitung von Werkstücken (Transferstraßen) kommen dafür nicht in Frage, da diese nicht kurzfristig auf andere Werkstücke umgerüstet werden können. Sie sind zwar sehr produktiv,
jedoch wenig flexibel.

Für die Einzel- und Kleinserienfertigung unterschiedlicher
Werkstücke werden deshalb von zahlreichen Maschinenherstel-
lern numerisch gesteuerte Bearbeitungszentren angeboten. Durch
die Vielfalt der enthaltenen Fertigungsverfahren und den Einsatz des numerischen Steuerungsprinzips ist ihre Flexibilität
hoch. Da jedoch bei solchen Maschinen i.a. jeweils nur ein
Verfahren ausgeführt wird und vielfach auch nur ein Werkzeug
im Eingriff ist, ist die Produktivität vergleichsweise gering / 1 /.

Eine Verbesserung bringen hier flexible Fertigungssysteme
(FFS), die hinsichtlich Produktivität und Flexibilität zwischen der Transferstraße und der universellen Einzelmaschine
liegen. FFS sind gekennzeichnet durch die Verkettung von Arbeitsstationen (siehe 2.2) durch gemeinsame Steuer- und Transportsysteme und gestatten die Bearbeitung unterschiedlicher
Aufgaben an Werkstücken eines bestimmten Spektrums in wahl-
freier, nicht durch Umrüsten unterbrochener Folge / 1, 2 /.

Der wirtschaftliche Einsatz solch kapitalintensiver Fertigungssysteme verlangt eine hohe zeitliche Auslastung, die nur

durch Mehrschichtbetrieb erreicht wird. Außerdem muß durch
eine geeignete Auslegung des Systems, abhängig vom Werkstückspektrum, eine hohe technische Auslastung erreicht werden;
d.h. der Anteil der tatsächlich genutzten Arbeitsmöglichkeiten
(verschiedene Fertigungsverfahren, installierte Maschinenlei-
stung, einstellbare Schnittbedingungen) muß hoch sein.

Durch den automatischen Fertigungsablauf in FFS ergibt sich
eine weitgehende zeitliche Entkoppelung des Bedienungsperso-
nals vom Fertigungsprozeß. Dies setzt neue Verfahren bei der
Steuerung und Überwachung des Fertigungsablaufs sowie bei der
Überwachung der einzelnen Systemkomponenten voraus. Der Informationsfluß im System sowie zwischen System und übergeordneten Bereichen (Fertigungsplanung, Fertigungssteuerung)
muß ebenfalls automatisiert werden, um eine Steuerung in Abhängigkeit vom Prozeßgeschehen zu ermöglichen.

Ziel dieser Arbeit ist es, die Aufgaben und Problemstellun-
gen beim kurzfristigen Einplanen der Aufträge auf die einzelnen Stationen von FFS, der Steuerung und Überwachung des
Fertigungsablaufs abhängig vom Prozeß, sowie bei der Erfassung
der notwendigen Betriebsdaten darzustellen und Lösungen zur
Realisierung der einzelnen Aufgabenkomplexe zu erarbeiten und
an einer Pilotanlage zu erproben.

2 Einführung in die Problematik von FFS

2.1 Auslegung von FFS

Die Auslegung von FFS erfolgt in Abhängigkeit des zu fertigenden Werkstückspektrums. In dieser Arbeit soll darauf nur so-
weit eingegangen werden, wie es als Grundlage für die Konzeption von Steuerung und Überwachung des Fertigungsablaufs notwendig ist.

Steuerungstechnisch einfach zu beherrschen sind Lösungen, bei
denen mehrere gleiche Bearbeitungszentren über ein gemeinsames Steuer- und Transportsystem verkettet sind. Die Fertigungsverfahren sind dabei mehrfach vorhanden, was einer Kapazitäts-
vervielfachung entspricht. Bei solchen Lösungen werden die einzelnen Werkstücke auf nur einer Station fertigbearbeitet; man
spricht hier von <u>einstufigen Fertigungssystemen</u> (Bild 2.1).

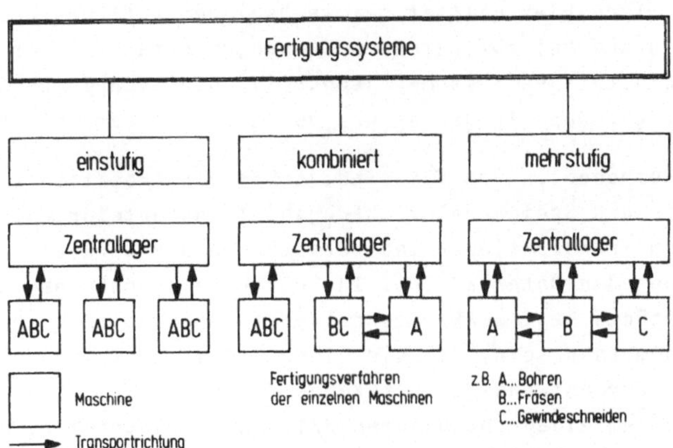

<u>Bild 2.1:</u> Grundkonzepte flexibler Fertigungssysteme / 3 /

Im Gegensatz dazu stehen die <u>mehrstufigen Fertigungssysteme.</u>
Dabei handelt es sich um unterschiedliche Stationen, die sich
in ihren Fertigungsmöglichkeiten ergänzen.

Solche Systeme entsprechen der konventionellen Fertigung auf
Einzelmaschinen und der Serienfertigung auf Transferstraßen.
Zur Fertigbearbeitung müssen die Werkstücke mehrere Stationen
durchlaufen.

Damit das im System zu fertigende Werkstückspektrum nicht zu
eng begrenzt werden muß und um Kapazitätsengpässe an einzelnen Stationen bei unterschiedlicher Auftragszusammensetzung
auszugleichen, können zusätzlich zu den sich ergänzenden Stationen noch universelle Stationen vorgesehen werden, die alle
Stationen ersetzen können; man erhält dann ein kombiniertes
Fertigungssystem. Außerdem können auch aus Kapazitätsgründen
mehrere gleiche Stationen vorgesehen werden, die sich nur gegenseitig ersetzen.

Auch hier müssen die Werkstücke in der Regel auf mehreren
Stationen gefertigt werden. An die Planung und Steuerung des
Fertigungsablaufs stellen solche Systeme die größten Anforderungen. Ihre Flexibilität bei wechselnder Auftragszusammensetzung und bei auftretenden Störungen erreicht zwar nicht
die der einstufigen Systeme, jedoch ist die technische Aus-
nutzung (vgl. Kap. 1) größer und der Kapitalbedarf niedriger.

Weitere Komponenten von FFS sind, neben den Arbeitsstationen,
Transport- und Speichereinrichtungen. Transporteinrichtungen
dienen zum Transportieren von Werkstücken und Werkzeugen und
ermöglichen den Materialfluß. In Speichereinrichtungen werden Werkstücke bzw. Werkzeuge gelagert. Die Speicher können
z.B. so bemessen sein, daß sie einen Vorrat an Werkstücken
und die dafür notwendigen Werkzeuge für mehrere Schichten
aufnehmen, um einen sogenannten 3/1-Schicht-Betrieb zu ermöglichen. Dabei ist nur während einer Schicht Personal notwendig, um das Fertigungssystem für drei Schichten zu be-
stücken bzw. zu entsorgen. Für die beiden restlichen Schichten ist dann lediglich Überwachungspersonal für die Anlage
vorgesehen / 4 /.

2.2 Funktionen von FFS

Bild 2.2 zeigt ein Funktionsmodell von FFS in Anlehnung an die Darstellung in / 15 /, wobei auf Funktionen verzichtet wurde, die für die Aufgabenstellung dieser Arbeit unwichtig sind.

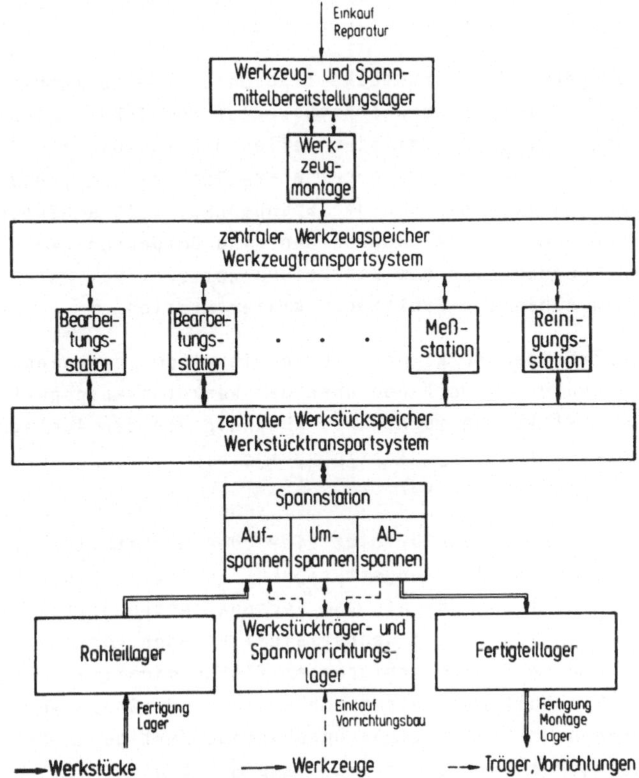

Bild 2.2: Funktionsmodell

Im Rohteillager werden die Rohlinge bzw. die in anderen Fertigungsbereichen vorbearbeiteten Werkstücke bereitgestellt.

Die Realisierung der Spannstationen im FFS ist vom Werkstückspektrum abhängig. Für den Transport prismatischer Teile werden meist einzelne Werkstücke auf Paletten gespannt; gleichzeitigen Transport mehrerer prismatischer Werkstücke auf
einem Träger findet man in Systemen mit Mehrspindel-Bear-
beitungsstationen, z.B. im Flugzeugbau. Rotationsteile werden vorwiegend in größeren Stückzahlen ungeordnet in Maga-
zinen oder geordnet auf Paletten transportiert.

Neben der Aufgabe, die Werkstücke transportfähig zu machen,
ist das genaue Fixieren der Werkstücke auf dem Träger wichtig, da insbesondere prismatische Teile im aufgespannten Zustand bearbeitet werden. Die erreichbare Bearbeitungsgenauig-
keit ist dann unmittelbar von der Spanngenauigkeit abhängig.
Wie das Aufspannen vor dem Bearbeiten sind Umspannen zwischen und Abspannen nach dem Bearbeiten weitere, vom Werkstückspektrum abhängige Funktionen dieser Station.

Die transportfähigen Werkstücke werden in einem zentralen
Werkstückspeicher gelagert und über den Werkstücktransport
den einzelnen Stationen zugeführt. Abhängig von der Auslegung
sind unterschiedliche Organisationsprinzipien für den Werkstückfluß realisierbar / 4 /.

Die eigentliche Fertigung erfolgt ein- oder mehrstufig auf
den verschiedenen Bearbeitungsstationen, auch kurz Maschinen
genannt. Voraussetzung für ein vom Personal entkoppeltes Bearbeiten sind Speicher- und Wechseleinrichtungen für die Werkzeuge. Oft genügen hier maschinenspezifische Magazine, wie
sie z.B. an Bearbeitungszentren vorhanden sind. Große Werkstückspektren und lange bedienerunabhängige Fertigungsperio-
den bedingen jedoch Werkzeugflußsysteme mit großer Speicher-
kapazität. Die Montage der Werkzeuge und das Bereitstellen
kann außerhalb des FFS erfolgen.

Zum Durchführen von zusätzlichen Arbeiten, wie z.B. Messen
oder Reinigen der Werkstücke, können weitere Stationen in das
System integriert sein.

Als Arbeitsvorgänge im engeren Sinn werden alle Arbeiten an
den Werkstücken bezeichnet, die unmittelbar einen Fertigungsfortschritt bewirken. Eine Erweiterung dieses Begriffs um Vorgänge, die zwar notwendigerweise am Werkstück ausgeführt werden, jedoch die Geometrie des Werkstücks nicht verändern, führt
zu einer Gleichbehandlung aller Arbeiten, wie sie für die Planung, Steuerung und Überwachung des Fertigungsablaufs erforderlich ist. Alle zusammen bilden die Arbeitsfunktionen in
FFS (Bild 2.3). Sie werden von Arbeitsstationen ausgeführt.
Verkettungsfunktionen sind das Speichern der Werkstücke, das
Transportieren an die Arbeitsstationen sowie das Lagern und
Zuführen der notwendigen Werkzeuge.

Funktionen in FFS	Ausführung
Arbeitsfunktionen:	
- Bearbeiten	automatisiert
- Messen, Reinigen usw.	autom./manuell
- Spannen	manuell
Verkettungsfunktionen:	
- Speichern von Werkstücken	automatisiert
- Transportieren von Werkstücken	automatisiert
- Speichern von Werkzeugen	automatisiert
- Transportieren von Werkzeugen	autom./manuell

<u>Bild 2.3:</u> Funktionen in flexiblen Fertigungssystemen

Das Bild zeigt außerdem, welche der notwendigen Funktionen
bei bekannten Systemen bereits automatisiert sind bzw. noch
manuell erledigt werden. Manuelle Tätigkeiten in FFS verlangen
die Einbindung von Personal in den Fertigungsablauf und stehen somit der Zielvorstellung einer vom Personal entkoppelten
Fertigung entgegen. Technische und vor allem wirtschaftliche
Gründe bedingen jedoch häufig Abstriche von dieser Zielvorstellung, so daß manuelle Tätigkeiten vom Fertigungsablauf
und vom Informationsfluß her einbezogen werden müssen / 5 /.

Kommt man mit einer Aufspannung für die Bearbeitung aus, kann das Auf- und Abspannen vor bzw. nach der eigentlichen Fertigungsperiode weitgehend vom Prozeß entkoppelt erfolgen. Dies erfordert jedoch große Werkstückspeicher und viele Werkstückträger, was sich oftmals aus Kosten- und Platzgründen nicht verwirklichen läßt / 6, 7 /. Ist für die Gesamtbearbeitung zusätzliches Umspannen notwendig, läßt sich ein Trennen vom Prozeß nur sehr aufwendig realisieren. Hier wird es dann wirtschaftlicher, solche Vorgänge in den Ablauf des FFS einzubeziehen und bereits bei der Maschinenbelegungsplanung zu berücksichtigen.

Auch zeigt sich, daß Fertigungssysteme, die zur Zeit in Planung sind, neben NC- Maschinen noch konventionell gesteuerte Stationen enthalten sollen / 8 /. Das Einbeziehen manueller Tätigkeiten und deren Eingliederung in ein gemeinsames Informationsverarbeitungssystem ist deshalb eine wichtige Forderung.

<u>2.3 Steuerungsaufgaben in FFS</u>

Aufgrund der enthaltenen Funktionen stellen FFS abgeschlossene, in sich selbständige Produktionseinheiten dar. Je nach Komplexität sind sie also mit einer herkömmlichen Maschinengruppe, einem Meisterbereich oder gar einer weitgehend autonomen Werkstatt zu vergleichen. Auch die zu realisierenden Steuerungsaufgaben entsprechen denen bei herkömmlicher Fertigung. Lediglich die Ausführung verlangt hier eine Echtzeitsteuerung mit automatischer Vorgabe und Rückführung von Informationen (closed loop), wogegen in der normalen Werkstatt hierfür üblicherweise Personal gebraucht wird (open loop).

Entsprechend den Funktionen von FFS ist eine <u>technische Steuerung</u> zur Informationsbereitstellung für die einzelnen Arbeitsstationen sowie dem Abarbeiten dieser Vorgabe in stationsspezifischen Steuerungen bzw. durch manuelle Bedienung (z.B. Spannplatz) erforderlich. Die technische Steuerung ist demnach für die Ausführung von Arbeitsvorgängen zuständig. Die Vorgaben hierfür erhält sie von der Fertigungsplanung in Form von NC-Programmen bzw. Arbeitsanweisungen (Bild 2.4).

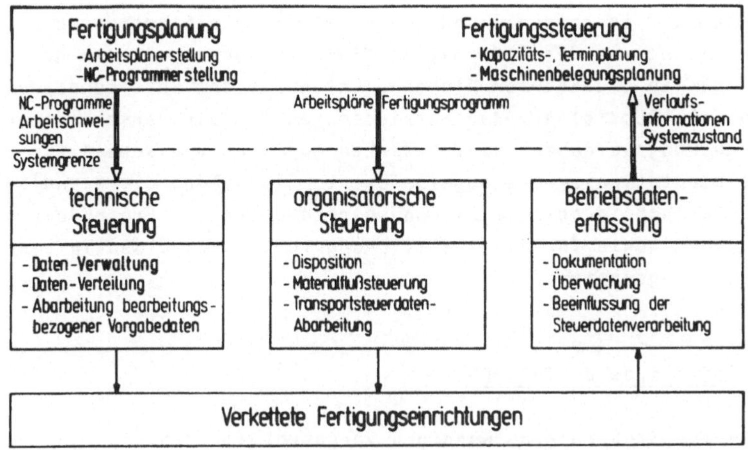

<u>Bild 2.4:</u> Aufgabenblöcke eines Steuerungssystems für FFS in Anlehnung an / 2, 5 /

Die <u>organisatorische Steuerung</u> hingegen hat dafür zu sorgen, daß die von der Fertigungssteuerung generierten Vorgaben eingehalten werden und der Fertigungsprozeß entsprechend abläuft. Dies sind Aufgaben, wie sie bei konventioneller Fertigung in der Werkstattsteuerung anfallen. Bei den Vorgaben handelt es sich um Reihenfolgen und Termine, die in einem Fertigungsprogramm, gültig für eine Planungsperiode (z.B. Tag, Schicht), festgelegt sind. Mögliche Schnittstellen und Auswirkungen auf den Aufgabenumfang der internen Disposition als oberste Ebene der organisatorischen Steuerung im FFS, sind in Kapitel 5 beschrieben. In der Disposition erfolgt die zeitliche Koordination zwischen geplantem und tatsächlichen Fertigungsablauf im Sinne einer Fertigungsführung / 9 /.

Als nächste Ebene folgt die Materialflußsteuerung, die für
das Zuführen der Werkstücke und Werkzeuge zu den Stationen
gemäß den Vorgaben der Disposition sorgt. Das Abarbeiten der
Transportsteuerdaten erfolgt dann in gerätespezifischen Steue-
rungseinrichtungen (z.B. programmierbare Steuerungen) / 10 /.

Neben der technischen und organisatorischen Steuerdatenverarbeitung mit der Informationsflußrichtung zum Prozeß ge-
langen in umgekehrter Richtung Daten aus dem Fertigungsprozeß als Rückmelde- oder Betriebsdaten für die verschiedenen
Steuerungsaufgaben, bzw. bewirken Ausgaben und werden für
Dokumentationszwecke abgespeichert. Sie bilden die Grundlage
für Entscheidungen im Planungsbereich, für die Prozeßüberwachung sowie für die Realisierung von Regelkreisen in einem
Steuerungssystem / 11 /.

2.4 Steuerdaten für FFS

Die zur Steuerung notwendigen Vorgaben gliedern sich in technische Steuerdaten, die alle Informationen umfassen, welche
die zu erzeugende Werkstückgeometrie und die Technologie der
Bearbeitung betreffen, und organisatorische Steuerdaten, die
den örtlichen und zeitlichen Ablauf der Fertigung beschreiben / 2, 12 /.

Die Erstellung der Steuerdaten ist Aufgabe der Arbeitsvorbereitung. Sie gliedert sich in die Bereiche Fertigungsplanung und Fertigungssteuerung (Bild 2.5). Dabei umfaßt die
Fertigungsplanung alle einmalig zu treffenden Maßnahmen, wie
die Arbeitsplanerstellung und die Betriebsmittelbereitstellung. Zur Arbeitsplanerstellung gehört die Aufteilung der
Bearbeitung in einzelne Arbeitsvorgänge, die auf verschiedenen Stationen gefertigt werden können.

Ein Arbeitsvorgang umfaßt einen oder mehrere Arbeitsschritte
an einem Werkstück, die fertigungstechnisch zwingend bzw.
vorteilhaft ohne Unterbrechung auf einer Station mit einem

NC-Programm gefertigt werden. Für die allgemeine Auslegung
von FFS mit sich ersetzenden und sich ergänzenden Bearbeitungsstationen sind zusätzlich alternative Arbeitsvorgänge
zu planen, um die Flexibilität des Systems auszunützen.

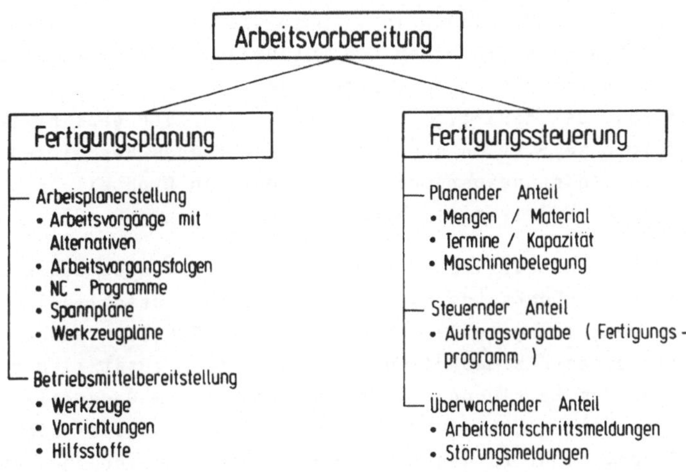

<u>Bild 2.5:</u> Gliederung und Aufgaben der Arbeitsvorbereitung
für FFS / 12 /

Außerdem sind die technologisch zulässigen Arbeitsvorgangsfolgen (Bearbeitungspfade) festzulegen. Für die einzelnen
Arbeitsvorgänge sind die Teile- und NC-Programme zu erstellen und zu testen. Ebenso müssen die zugehörigen Spann- und
Werkzeugpläne aufgestellt werden. Die Betriebsmittelbereitstellung hat dafür zu sorgen, daß Werkzeuge, Vorrichtungen
und Hilfsstoffe vorhanden sind.

Aus der Menge der zu fertigenden Werkstücke muß die Fertigungssteuerung unter Beachtung der Termine und der angebote-
nen Arbeitspläne mit den alternativen Bearbeitungspfaden / 18 /
ein Fertigungsprogramm für eine Planungsperiode (Tag, Schicht)
zusammenstellen. Dabei stellt das Fertigungsprogramm unmittelbar die Vorgabe für das Steuerungssystem des FFS dar.

2.5 Ausgangsfragestellung

Zur Realisierung der dargestellten Steuerungsaufgaben sind
in ausgeführten Fertigungssystemen, je nach Aufbau der Steuerung, zwei Varianten zu unterscheiden. Die erste Variante arbeitet nach dem Suchlaufprinzip ohne übergeordneten Rechner.
Dabei suchen sich die Maschinen aus umlaufenden Werkstücken
aufgrund angebrachter Codierungen die für sie bestimmten Werkstücke aus. Bei derartigen Systemen lassen sich geplante Werkstückfolgen je Station nur über entsprechendes Beschicken
durch das Bedienungspersonal erreichen. Ein Großteil der heute
realisierten FFS arbeiten nach diesem Prinzip / 8, 28 /.

Die nächste Ausbaustufe ergibt sich bei Verwendung eines übergeordneten Rechners, der in vielen Systemen ausschließlich zur
NC-Datenverteilung (DNC) eingesetzt wird. Zur Ausnützung aller
Vorteile eines FFS muß dieser Rechner jedoch zusätzlich die
Steuerung des Fertigungsablaufs übernehmen. Im Gegensatz zur
ersten Variante läßt sich hier das Zielsteuerungsprinzip verwirklichen, d. h. zu jeder Station können nach Vorgabe wahl-
frei Werkstücke zugeführt werden.

Systeme nach diesem Prinzip gibt es nur wenige. Sie stellen
alle anlagenspezifische Entwicklungen dar, die meist feste
Stationsfolgen je Werkstück aufweisen, wodurch die Flexibilität bei Störungen stark eingeschränkt ist / 28 /. Ein Grund
hierfür ist das Fehlen einer Datenbasis, die sowohl für die
Belegungsplanung als auch für die prozeßgekoppelte Überwachung und Umdisposition geeignet ist. Weitere Gründe liegen
in dem hohen Aufwand für die Entwicklung umfassender Software-
pakete, da allgemeingültige Programmsysteme noch nicht exi-
stieren.

Aufbauend auf einer Problemanalyse sollen deshalb in dieser
Arbeit die notwendigen Grundlagen für die organisatorische
Steuerung von FFS geschaffen und weitgehend allgemeingültige
Lösungsansätze aufgezeigt werden.

3 Analyse der Aufgaben und Einflußgrößen der organisatorischen Steuerung

3.1 Organisatorischer Fertigungsablauf

Der organisatorische Fertigungsablauf wird durch die zeitliche Einplanung der Aufträge (zeitlicher Fertigungsablauf) und die Stationsfolge für die einzelnen Aufträge (örtlicher Fertigungsablauf) beschrieben.

3.1.1 Örtlicher Fertigungsablauf

Die Beschreibung des örtlichen Fertigungsablaufs gibt also die Zuordnung der Arbeitsvorgänge zu den Stationen und die Reihenfolge der Arbeitsvorgänge beim Durchlauf der Werkstücke durch die Fertigung wieder; er wird auch als Bearbeitungspfad bezeichnet und dient der Fertigungssteuerung als Sollvorgabe.

Bei der Festlegung der Bearbeitungspfade kann man davon ausgehen, daß in manchen Fällen die Reihenfolge bestimmter Arbeitsvorgänge an einem Werkstück vertauscht werden kann und im Fertigungssystem Stationen vorhanden sind, die sich in ihren Bearbeitungsmöglichkeiten ergänzen bzw. sich teilweise oder vollständig ersetzen. Oftmals wird eine Bearbeitung auch auf unterschiedlichen Stationen durchgeführt werden können, wobei einzelne besser geeignet sind als andere.

Aufgrund des örtlichen Fertigungsablaufs lassen sich drei Organisationstypen unterscheiden / 13 /:

- Punktfertigung,
- Linienfertigung,
- Werkstattfertigung.

Bei der Punktfertigung werden alle Arbeitsvorgänge eines Werkstückes auf einer Arbeitsstation vorgenommen (einstufig).

Erst wenn ein Werkstück fertig bearbeitet ist, kann das nächste begonnen werden. Diese Art der Fertigung liegt z.B. bei Bearbeitungszentren und bei FFS mit ausschließlich sich ersetzenden Maschinen vor.

Unter Linienfertigung versteht man im wesentlichen ein verfahrensausgerichtetes Aufteilen der Gesamtbearbeitung (mehrstufig), wobei die zugehörigen Arbeitsstationen linienförmig angeordnet werden. Dabei entstehen Probleme beim zeitlichen Abgleich der einzelnen Stationen. Eine starre Linienfertigung ist sehr unflexibel bei Änderung des Produktionsprogramms. Daher findet man sie hauptsächlich in der Großserienfertigung in Form von Transferstraßen.

Laufen die Fertigungsaufträge in unterschiedlicher Folge räumlich verteilte und in ihren technologischen Möglichkeiten verschiedene Bearbeitungsstationen an, so liegt die typische Form der Werkstattfertigung vor, bei der gleiche oder ähnliche Maschinen in einer Werkstatt zusammengefaßt sind. Diese Art der Fertigung entspricht dem Fertigungsablauf in kombinierten FFS, wobei die räumliche Trennung entfällt und der Transport zwischen den Stationen automatisiert ist. Beim Großteil der Werkstücke ist die Bearbeitung auf mehrere Maschinen verteilt (mehrstufig). Es existiert jedoch kein Zwangslauf; die Stationen sind getrennt anfahrbar. Bei Ausfall einer Station sind die restlichen nicht unmittelbar betroffen.

3.1.2 Zeitlicher Fertigungsablauf

Als Kriterien für den zeitlichen Fertigungsablauf ergeben sich die Kontinuität des Fertigungsfortschritts und die Kontinuität der Stationsbelegung. Im Gegensatz zur einstufigen Fertigung (Punktfertigung) lassen sich für die mehrstufige Fertigung verschiedene Fälle unterscheiden, wie in Bild 3.1 gezeigt ist.

Im ersten Fall erfolgt eine losweise Bearbeitung auf mehreren Stationen, wobei die Bearbeitung auf der nächsten Station erst beginnen darf, wenn die Vorbearbeitung des gesamten Loses abgeschlossen ist (Bild 3.1,a).

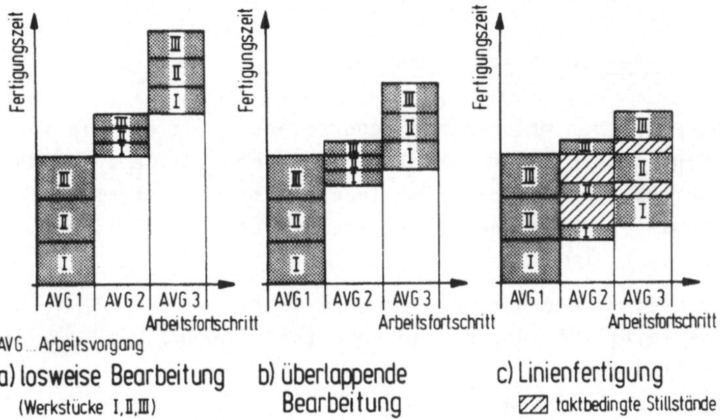

Bild 3.1: Zeitliche Fertigungsabläufe bei mehrstufiger Fertigung

Darf mit der Weiterbearbeitung der Werkstücke vor Abschluß der Vorbearbeitung des gesamten Loses begonnen werden, wobei das Los nicht vereinzelt wird, spricht man von einer überlappenden Bearbeitung (Bild 3.1,b).

Bei sofortiger Weiterbearbeitung jedes Werkstückes ergibt sich eine Linienfertigung mit Abtaktproblemen, wie sie von Transferstraßen bekannt sind (Bild 3.1,c).

Um eine möglichst lückenlose Belegung der Stationen bei unterschiedlicher Auftragszusammensetzung zu erreichen, ist oftmals eine Unterbrechung der Bearbeitung bei Einzel- und Losfertigung notwendig, was die Durchlaufzeit der Aufträge erhöht. Im Gegensatz zum Fertigen nach ununterbrochenen Folgen, auch auftragsweises Fertigen genannt, spricht man dann von arbeitsvorgangsweisem Fertigen.

3.2 Aufgaben der organisatorischen Steuerung

3.2.1 Planen der Maschinenbelegung

Aufgabe bei der Maschinenbelegungsplanung ist es, die von der Kapazitätsplanung für eine Fertigungsperiode ausgewählten Aufträge so auf die einzelnen Stationen einzuplanen und zu terminieren, daß bestimmte Zielkriterien erfüllt werden:

- hohe technische Nutzung der Arbeitsstationen,
- hohe zeitliche Nutzung der Arbeitsstationen,
- Einhaltung von geforderten Terminen,
- niedriger Rüstaufwand.

Hohe technische Nutzung der Arbeitsstationen bedingt, daß für die einzelnen Arbeiten die jeweils am besten geeigneten Stationen ausgewählt werden. Aus Kapazitätsgründen ist jedoch oftmals ein Verlagern auf weniger geeignete Stationen notwendig, was eine gleichmäßige und hohe zeitliche Nutzung des Gesamtsystems ergibt.

Die Einhaltung von Fertigstellungsterminen ist gegenüber den zuerst genannten Zielkriterien von untergeordneter Bedeutung, da generell die Durchlaufzeit im System sehr niedrig ist und bereits Restriktionen, z.B. bei der Anzahl von Werkstückträgern, das Fertigen der Werkstücke innerhalb einer Planungsperiode erfordern, bzw. beim 3/1-Schicht-Betrieb lediglich die Forderung besteht, bis zur nächsten Bedienschicht fertig zu sein / 14 /.

Ein wichtiges Planungsziel ist dagegen, den Rüstaufwand möglichst niedrig zu halten. Dies betrifft sowohl das Einschränken und Verlagern der Rüstzeit in die Maschinenlaufzeit, als auch einen sparsamen Umgang mit Betriebsmitteln wie Paletten, Meßmitteln und Werkzeugen. Eine Mehrfachverwendung der Betriebsmittel innerhalb einer Planungsperiode erfordert die Berücksichtigung bereits bei der Maschinenbelegungsplanung.

3.2.2 Steuern und Überwachen des Fertigungsablaufs

Im Gegensatz zur Maschinenbelegungsplanung hat die Steuerung des Fertigungsablaufs unmittelbar Auswirkung auf den Fertigungsprozeß. Sie muß deshalb den Prozeßverlauf berücksichtigen, was eine Echtzeitverarbeitung erfordert. Hauptaufgabe ist das Umsetzen eines geplanten Ablaufs zu einem wirklichen Ablauf, also die Herstellung einer zeitlichen Koordination zwischen Vorgabe und Fertigungsprozeß. Dabei ist es unerheblich, ob und wie lange im voraus geplant wurde, oder ob die Planung prozeßbegleitend unmittelbar vor der Ausführung erfolgt.

Eine weitere Echtzeitaufgabe ist das Überwachen des Fertigungsablaufs und das Berücksichtigen des aktuellen Systemzustandes. Hierzu bildet die Werkstückzustandsfortschreibung und der Zugriff auf Zustandslisten der einzelnen Systemkomponenten die Voraussetzung.

Um bei Störungen selbständig zu reagieren, muß die Steuerung in der Lage sein, vom vorgegebenen Ablauf abzuweichen und den momentanen Gegebenheiten entsprechend umzudisponieren. Die Vorgehensweise bei der Umdisposition ist grundsätzlich die gleiche wie bei der Maschinenbelegungsplanung, lediglich die Planungsfreiheiten sind begrenzter und die Zielkriterien auf den Notlauf ausgerichtet.

Da der Steuerungsbaustein eine zeitliche Anpassung der Vorgaben an den Fertigungsprozeß und ein Abweichen im Störungsfalle innerhalb des Steuerungssystems ermöglicht, wird er auch interne Disposition genannt / 9 /.

3.3 Einflußgrößen auf die organisatorische Steuerung

Sowohl die planerischen Möglichkeiten als auch die Aufgaben zur Steuerung und Überwachung des Fertigungsablaufs in FFS ergeben sich zum einen aufgrund von feststehenden Einflußgrößen, bedingt durch die Systemauslegung und das zu fertigende Werkstückspektrum (Bild 3.2). Zum anderen sind Informationen über den Zustand der Systemkomponenten, die Betriebsmittelverfügbarkeit sowie den Fertigungsstand der Werkstücke zu berücksichtigen.

Systemauslegung	Werkstückspektrum
- Arbeitsstationen • ergänzend • ersetzend • kombiniert - Werkstückfluß • Linie • Schleife • Stern • Netz - Werkzeugfluß • dezentral • zentral	- Anzahl unterschiedlicher Teile - Losgrößen - Art der Losbearbeitung • überlappend • nicht überlappend - Anzahl Fertigungsstufen je Teil - Arbeitsvorgänge mit Alternativen - Bearbeitungsdauer - Arbeitsvorgangsfolge • frei • fest • gemischt

organisatorische Steuerung

Bild 3.2: Einflußgrößen der organisatorischen Steuerung / 16 /

3.3.1 Einfluß der Systemauslegung

3.3.1.1 Maschinenkonzeption

Bei der Auslegung des Systems mit Arbeitsstationen sind folgende Konfigurationen möglich / 3 /:

- ersetzende Stationen,
- ergänzende Stationen,
- Kombination von ersetzenden und ergänzenden Stationen.

Lediglich eine Auslegung mit nur sich ersetzenden Stationen erlaubt eine einstufige Bearbeitung der Werkstücke. Hierbei spielt es keine Rolle, auf welcher der Stationen die Bearbeitung erfolgt.

Bei den beiden anderen Konfigurationen liegt eine mehrstufige Bearbeitung vor. Bei nur sich ergänzenden Stationen ist die Stationsfolge für die einzelnen Werkstücke fest vorgegeben, wie z.B. bei Transferstraßen; sind zusätzlich ersetzende Stationen vorhanden, so ist die Stationsfolge variabel.

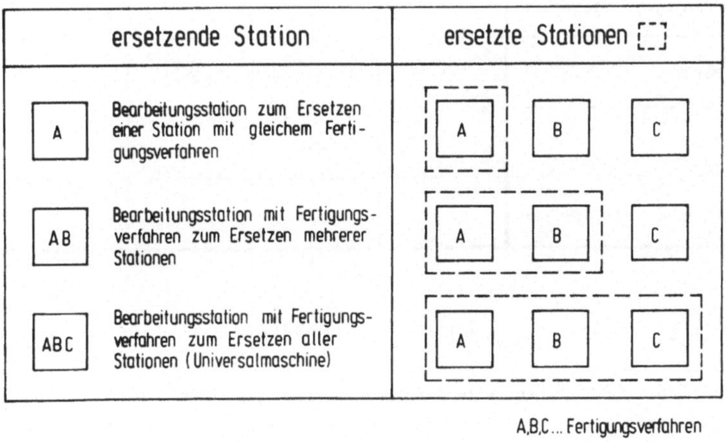

Bild 3.3: Arten ersetzender Stationen

An dieser Stelle muß der Begriff ersetzende Stationen kurz erläutert werden (Bild 3.3). Bei Systemen mit nur sich ersetzenden Stationen handelt es sich - auf das zu fertigende Werkstückspektrum bezogen - um Universalmaschinen, die sämtliche für das vorgesehene Werkstückspektrum notwendigen Fertigungsverfahren ermöglichen. In kombinierten Systemen gibt es Stationen, die z.B. aus Kapazitätsgründen mehrfach vorhanden sind, also sich nur gegenseitig ersetzen. Außerdem können hier einzelne Bearbeitungsstationen mehrere oder alle anderen Stationen ersetzen.

Neben den Erläuterungen zum Umfang des Ersetzens sind noch einige Angaben über die Art der ersetzenden Maschinen von Interesse (Bild 3.4).

Unterschiede bei sich ersetzenden Stationen	Teileprogramme		NC-Programme	
	gleich	unterschiedlich	gleich	unterschiedlich
keine (identische Station)	X		X	
Ausführung von Funktionseinheiten	X			X
Leistung	X		(X)	X
Bauart		X		X
Bearbeitungsverfahren		X		X

Bild 3.4: Unterschiede bei sich ersetzenden Stationen

Identische Maschinen arbeiten nach dem gleichen NC-Programm. Die unterschiedliche Ausführung von Funktionseinheiten (z.B. Werkzeugwechsel) führt zu anderen Technologieanweisungen und erfordert, wie bei verschiedenen Leistungen, getrennte Postprocessoren, was unterschiedliche NC-Programme ergibt. Verschiedene Teileprogramme sind bei Stationen, die bauart- oder verfahrensbedingt unterschiedliche Arbeitsabläufe ausführen, notwendig.

Aus dieser Aufstellung ersieht man, daß, außer bei identischen Stationen, für gleiche Arbeitsschritte unterschiedliche Arbeitsvorgänge geplant werden müssen. Hierbei ergibt

sich i.a. bereits eine Bewertung in Vorzugs-, Alternativ-
und Ersatzarbeitsvorgänge. Aufgrund des zusätzlichen Pla-
nungsaufwands ist es nicht sinnvoll, alle möglichen Alternativen zu nutzen. Alternativen, die Änderungen im Teileprogramm bewirken, werden deshalb nur dann berücksichtigt, wenn
mit dem vorhandenen Teileprogramm über einen zweiten Post-
processorlauf keine Ausweichmöglichkeit geschaffen werden
kann.

Es bleibt noch anzumerken, daß außer der prinzipiellen Fähigkeit, eine Station durch eine andere zu ersetzen, auch
der Betrachtungszeitraum eine Rolle spielt. Damit sich Stationen tatsächlich ersetzen können, ist ein bestimmter Rüst-
zustand gefordert. Dies bedeutet, daß Stationen für eine Vor-
ausplanung als ersetzend zu betrachten sind, bei Störungen,
die während der Bearbeitung auftreten, jedoch selbst identische Maschinen z.B. aufgrund der momentanen Werkzeugbe-
stückung sich nicht ohne weiteres austauschen lassen.

Der Einfluß auf die organisatorische Steuerung besteht in
erster Linie in der Möglichkeit, aufgrund ersetzender Stationen alternative Arbeitsvorgänge einzuplanen und somit
die Anzahl der verschiedenen Bearbeitungspfade der Werkstücke zu erhöhen (siehe auch 3.3.4). Für die Maschinenbelegungsplanung ergeben sich dadurch zusätzliche Planungsfreiheiten, die ein gleichmäßiges Auslasten der Stationen
ermöglichen. Für die Steuerung und Überwachung des Fertigungsablaufs bedeutet dieser Sachverhalt erhöhte Flexibilität mit der Möglichkeit, Auswirkungen von Störungen durch
Umbelegen zu verringern.

3.3.1.2 Werkstückfluß

Beim Werkstückfluß lassen sich, weitgehend unabhängig von
der Realisierung, vier grundsätzliche Organisationsprinzipien unterscheiden (Bild 3.5). Linienförmige Systeme kennt
man vor allem von den Transferstraßen, wobei die einzelnen

Stationen in der Linie liegen. Sie besitzen einen Zwangs-
durchlauf der Werkstücke mit gleicher Stationsfolge. Liegen
die Stationen außerhalb der Linie, so kann bei verschiedenen,
jedoch pro Teil festen Stationsfolgen, auch das Suchlaufprinzip angewandt werden / 4, 16 /.

Organisations-prinzip	Linie	Schleife	Stern	Netz
Prinzipbild				
Stationsfolge je Werkstück	fest	beliebig	beliebig	beliebig
Werkstückfolge je Station	fest / teilweise verschieden	beliebig	beliebig	beliebig
Steuerungsprinzip	Zwangslauf / Suchlauf	Suchlauf / Zielsteuerung	Zielsteuerung	Zielsteuerung / Suchlauf
Speicherwirkung	gering	groß	keine	groß
Förderprinzip	unstetig	stetig / unstetig	unstetig	unstetig / stetig

Bild 3.5: Werkstückflußprinzipien

Dieses Steuerungsprinzip findet man hauptsächlich bei schlei-
fenförmigen Systemen, die durch die Möglichkeit des mehr-
fachen Umlaufs beliebige Stationsfolgen zulassen. Wie beim
sternförmigen Werkstückflußprinzip, lassen sich mit Netz und
Schleife auch Zielsteuerungen realisieren. Beliebige Stationsfolgen der einzelnen Werkstücke sowie beliebige Werkstückfolgen an den Stationen bedeuten für die organisatorische
Steuerung, daß sämtliche planerischen Möglichkeiten vom Werkstücktransport nachvollzogen werden können.

3.3.1.3 Werkzeugfluß

Die Konzeption des Werkzeugflußsystems bestimmt weitgehend
die Art und Dauer des Umrüstens bei wechselnder Werkstück-

folge. Große maschinennahe Werkzeugspeicher erhöhen zwar
die Anzahl der unterschiedlichen Werkstücke, die ohne Umrüsten gefertigt werden können, jedoch erlauben sie keinen
vollautomatischen Betrieb, da manuelles Umrüsten nach bestimmten Losen notwendig ist und vor allem verschleißbedingter Werkzeugaustausch den Ablauf unterbricht. Deshalb
werden in Zukunft aus einem für mehrere oder für alle Stationen zentralen Werkzeugspeicher automatisch nachladbare
Maschinenmagazine eingesetzt werden, die den verschleißbe-
dingten Austausch einbeziehen. Erst solche Systeme werden
tatsächlich ersetzende Maschinen schaffen, da die verschiedenen Maschinen üblicherweise mit unterschiedlichen Werk-
zeugsätzen bestückt sind und sich deshalb erst nach Umrüsten
der Werkzeuge tatsächlich ersetzen. Speziell bei Systemen
ohne zentralen Werkzeugspeicher und automatischen Austausch
muß die beschränkte Werkzeugkapazität bei der Maschinenbelegungsplanung berücksichtigt werden.

Zentrale Werkzeugspeicher erlauben eine Mehrfachausnutzung
der Werkzeuge auf mehreren Stationen, was besonders bei teu-
ren Werkzeugen bzw. durch eine kleinere Ausführung des Werkzeugflußsystems zu Einsparungen führt.

3.3.2 Einfluß des Werkstückspektrums

3.3.2.1 Aufteilung der Bearbeitung

Die Anzahl unterschiedlicher Teile, die zu fertigenden Los-
größen sowie die Art der Losbearbeitung (Bild 3.2) beein-
flussen neben der Systemauslegung in erster Linie die organisatorische Steuerung. Außer diesen von der Auftragszusammensetzung geprägten Größen ergeben die Bearbeitungsmöglichkeiten der einzelnen Teile, herrührend von Alternativar-
beitsvorgängen und verschiedenen Vorgangsfolgen, den Rahmen
für Freiheiten im Fertigungsablauf. Diese teilebedingten Einflußgrößen sind bereits beim Erstellen der Arbeitspläne zu

berücksichtigen, da hierbei die Aufteilung der Gesamtbearbeitung in Arbeitsschritte mit zugehörigen Arbeitsvorgängen und eventuellen Alternativen, sowie die zulässigen Bearbeitungsfolgen festgelegt werden (siehe 2.4).

Um möglichst lückenlose Maschinenbelegungspläne zu erstellen bzw. bei Störungen im Fertigungsablauf genügend Ausweichmöglichkeiten zu haben, sind viele, voneinander unabhängige Arbeitsschritte vorteilhaft. Daraus ließe sich der Schluß ableiten, daß die Bearbeitung jedes Teils in möglichst viele Schritte aufgeteilt wird und auch zahlreiche Alternativen zu planen sind. Demgegenüber steht die Forderung, daß zusammengehörige Bearbeitungsoperationen genauigkeits- und ablaufbedingt in einer Aufspannung mit einem NC-Programm zu fertigen sind. Außerdem bedeutet jede Aufteilung zusätzlichen Programmieraufwand und erfordert ein Stillsetzen der Maschine zum Werkstückwechsel. Diese Maschinenstillstandzeit ist abhängig von der Wechseleinrichtung und sollte gegenüber der Bearbeitungsdauer gering sein. Ein weiterer Grund, der gegen eine zu feine Aufteilung der Bearbeitung spricht, ist die Belastung des Werkstückflußsystems bei kurzen Bearbeitungsdauern der einzelnen Arbeitsvorgänge / 4, 6 /.

Ein Arbeitsvorgang enthält somit (im allgemeinen) die Bearbeitung einer Werkstückseite, die in einem Zuge durchgeführt werden kann. Vor- und Fertigbearbeitung oder Paßbohrungen und grob tolerierte Bohrungen werden jedoch in zwei Arbeitsvorgänge evtl. auf verschiedenen Stationen aufgespalten. Die Gesamtzahl der Arbeitsvorgänge je Teil ist abhängig von den zu bearbeitenden Seiten, den Fertigungsverfahren und den Maschinenachsen.

3.3.2.2 Alternative Arbeitsvorgänge

Bei fester Abarbeitungsfolge der einzelnen Arbeitsschritte gibt es ohne alternative Arbeitsvorgänge, wie in der kon-

ventionellen Fertigung üblich, nur einen Bearbeitungspfad
für jedes Teil. Jede Verdoppelung der Bearbeitungsmöglichkeiten durch einen alternativen Arbeitsvorgang bewirkt eine
Verdoppelung der Bearbeitungspfade; allgemein gilt:

$$p = \prod_{i=1}^{s} a_i$$

p ... Anzahl verschiedener Bearbeitungspfade

s ... Anzahl der Arbeitsschritte

a_i... Anzahl (alternativer) Arbeitsvorgänge für Arbeitsschritt i

Eine Zusammenfassung von Arbeitsschritten in einem Vorgang,
der mehrere Arbeitsvorgänge ersetzt, wirkt sich auf die Anzahl der Bearbeitungspfade aus wie eine einfache Alternative.

3.3.2.3 Variable Bearbeitungsfolgen

Die Vielzahl variabler Bearbeitungsfolgen ist sehr stark abhängig vom Arbeitsablauf der Teile und der gewählten Aufteilung der Bearbeitung (Bild 3.6).

Bild 3.6: Mögliche Bearbeitungsfolgen eines Teils

Feste Folgen ergeben sich bei technologischen Abhängigkeiten der Arbeitsschritte untereinander; z.B. muß vor

dem Gewinden gebohrt werden. Auch aufgrund von Genauigkeits-
anforderungen kann eine feste Abhängigkeit herrühren. Für
die Fertigung steht nur ein Bearbeitungspfad zur Verfügung,
falls ersetzende Arbeitsvorgänge nicht vorhanden sind.

<u>Freie Folgen</u> sind bei Mehrseitenbearbeitung denkbar, voraus-
gesetzt, daß keine Durchdringungen, z.B. von Bohrungen, eine
feste Folge bedingen. Hierbei spielt die Reihenfolge der einzelnen Arbeitsvorgänge keine Rolle, wichtig ist nur, daß alle
ausgeführt werden. Die Möglichkeiten bei der Maschinenbelegungsplanung und bei der Reaktion auf Systemstörungen sind
sehr vielfältig, da die Anzahl der Bearbeitungspfade mit der
Anzahl von Arbeitsschritten stark zunimmt. Mathematisch ge-
sehen handelt es sich um eine Permutation, die Beziehung
lautet daher:

$$p = s!$$

Freie Folgen kommen in der Praxis jedoch kaum vor. Techno-
logische Abhängigkeiten der einzelnen Bearbeitungen sowie
die Voraussetzung bestimmter Aufspannungen lassen i.a. nur
<u>gemischte Folgen</u> zu. Dabei sind einzelne Arbeitsvorgänge von-
einander unabhängig, also in ihrer Folge frei, andere müssen
unmittelbar nacheinander erfolgen (unmittelbare Nachfolger)
und wieder andere mittelbar nacheinander (mittelbare Nachfolger), wobei beliebige Arbeitsvorgänge dazwischen liegen
können. Die Anzahl möglicher Bearbeitungspfade verringert
sich aufgrund dieser Abhängigkeiten.

Jeder unmittelbare Nachfolger kommt für die Berechnung einer
Reduzierung der Elemente (Arbeitsschritte) um eins gleich, da
er in seiner Stellung festliegt; die Beziehung lautet also:

$$p = (s - u)! \qquad u\ldots \text{Anzahl unmittelbarer Nachfolger}$$

Mittelbare Nachfolger verringern die Anzahl der Bearbeitungspfade in geringerem Maße, da sie in ihrer Stellung freier sind.
Jeder für sich halbiert zwar die Anzahl der möglichen Pfade

bei unabhängigen Arbeitsvorgängen; durch die Überdeckung bei
mehreren mittelbaren Nachfolgern gilt jedoch die Beziehung:

$$p = \frac{s!}{1+m} \qquad m... \text{Anzahl mittelbarer Nachfolger}$$

Bild 3.7 zeigt die Anzahl Bearbeitungspfade über den Arbeitsschritten für nur unabhängige Schritte (linke Kurve) sowie
die Verläufe bei jeweils zwei mittelbaren bzw. unmittelbaren
Nachfolgern. Es ist zu sehen, daß bereits bei zwei abhängigen
Arbeitsschritten die Vielzahl der Bearbeitungspfade stark ab-
nimmt.

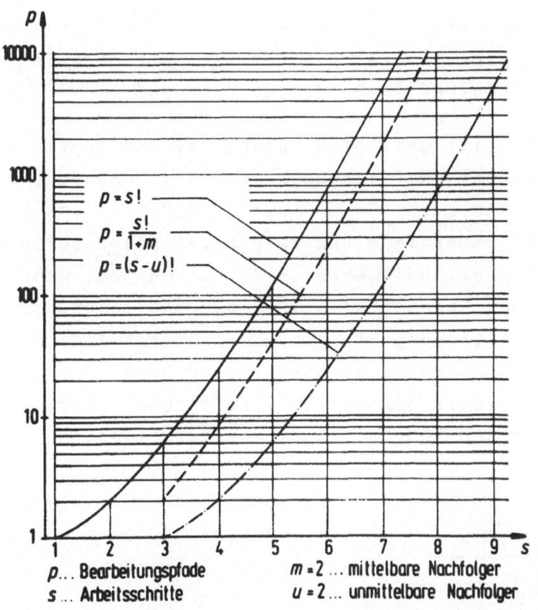

<u>Bild 3.7:</u> Bearbeitungspfade in Abhängigkeit von der Anzahl
Bearbeitungsschritte

Häufig treten mehrere Gruppen von Arbeitsvorgängen auf, die
in sich Abhängigkeiten enthalten, untereinander jedoch unabhängig sind; z.B. bedingen alle Bohrarbeiten auf den verschiedenen Seiten jeweils ein vorheriges Oberfräsen. Wenn jede Gruppe i eine Bearbeitung enthält, nach deren Durchführung
die anderen freigegeben sind, ergibt sich die Anzahl möglicher Bearbeitungspfade zu:

$$p = \frac{s!}{\prod\limits_{i=1}^{g}(1+m_i)} \qquad g \ldots \text{ Anzahl Gruppen}$$

Diese Formel gilt auch für "unterlagerte" Abhängigkeiten, bei
denen mittelbare Nachfolgerelemente von einem Freigabeelement
abhängen, das seinerseits einem anderen Freigabeelement nachfolgen muß. Dabei treten die von zwei Freigabeelementen abhängigen Nachfolger in beiden Gruppen auf.

Neben den bereits gezeigten Abhängigkeiten treten noch sogenannte Nachbarschaftsgruppen auf, bei denen die einzelnen
Arbeitsschritte einer Gruppe zwar unmittelbar nacheinander,
jedoch nicht immer in einer zwingenden Folge ablaufen müssen.
Dies ist der Fall bei mehreren Aufspannungen, wobei nach dem
entsprechenden Spannen alle in dieser Aufspannung zu fertigenden Arbeitsvorgänge folgen müssen; erst danach darf umge-
spannt und die nächste Nachbarschaftgruppe bearbeitet werden.
Dies hat gegenüber der Bearbeitung in einer Aufspannung eine
Verringerung der Bearbeitungspfade zur Folge, so daß gilt:

$$p = \frac{n! \prod\limits_{j=1}^{n} e_j!}{\prod\limits_{i=1}^{g}(1+m_i)} \qquad \begin{array}{l} n \ldots \text{ Anzahl Nachbarschaftsgruppen} \\ e_j \ldots \text{ Anzahl Elemente in der Gruppe j} \end{array}$$

Diese Formel gilt, wenn die Gruppen untereinander unabhängig
in ihrer Reihenfolge sind. Ansonsten reduziert sich der Fak-
tor n! entsprechend den bei abhängigen Einzelelementen gezeigten Beziehungen.

3.3.3 Bewertung der Einflußgrößen und resultierende Freiheitsgrade

Aus diesen Ausführungen ist zu sehen, daß beim Ausnützen der werkstück- und systemabhängigen Freiheitsgrade die Fertigungsmöglichkeiten in FFS vielfältig sind. Um diese Freiheiten bei der Planung und der Steuerung des Fertigungsablaufs auch zu realisieren, müssen sie bereits bei der Systemauslegung und bei der Fertigungsplanung berücksichtigt werden. Setzt man die von der Systemauslegung herrührenden Freiheitsgrade ebenso wie das zu fertigende Werkstückspektrum als gegeben voraus, bleiben für die organisatorische Steuerung die Variation der täglichen Auftragszusammensetzung im Rahmen der Kapazitätsplanung, die Auswahl der zu fertigenden Arbeitsvorgänge bei Alternativen sowie das Ausnützen variabler Arbeitsvorgangsfolgen als planerische Freiheitsgrade übrig.

Neben den gezeigten Anforderungen an die Fertigungsplanung ergeben sich für die Systemauslegung zusätzliche Forderungen, je näher am Prozeß die gezeigten Freiheitsgrade verwirklicht werden sollen. Für die Kapazitätsplanung und die Vorab-Maschinenbelegungsplanung gilt Bild 3.8. Für eine schritthaltende Planung (on-line) oder für die Umdisposition im Störungsfall erlaubt erst eine zusätzliche zentrale Werkzeugversorgung beliebige Folgen von Arbeitsvorgängen an den Stationen; dies gilt erst recht beim Ausweichen auf alternative Stationen / 16 /.

Allgemein kann gesagt werden: Je flexibler ein System ist, desto enger kann sich die Planung am Fertigungsprozeß orientieren. Da jedoch stets manuelle Arbeiten anfallen - sei es das Aufspannen der Werkstücke oder das Bereitstellen der Betriebsmittel - sowie externe Prioritäten oder Restriktionen z.B. bezüglich der Anzahl der Paletten bestehen, ist eine Vorabplanung, die all diese Dinge berücksichtigt, sinnvoll. Allerdings sollte dann das Echtzeit-Steuerungssystem bei Störungen in der Lage sein umzudisponieren, wobei die

Freiheitsgrade der organisatorischen Steuerung	Anforderungen an die Systemauslegung	Anforderungen an die Fertigungsplanung
Freie Reihenfolge der Arbeitsvorgänge an den Stationen	freier Werkstückdurchlauf	keine
Variable Arbeitsvorgangsfolgen der Teile	freier Werkstückdurchlauf	Arbeitspläne mit variablen Bearbeitungspfaden
Variable Auftragszusammensetzung	freier Werkstückdurchlauf ersetzende Stationen	keine
Alternative Arbeitsvorgänge	freier Werkstückdurchlauf ersetzende Stationen	Arbeitspläne mit alternativen Arbeitsvorgängen zusätzliche NC-Programme zusätzliche Betriebsmittelbereitstellung

Bild 3.8: Anforderungen an Systemauslegung und Fertigungsplanung bei unterschiedlichen Freiheitsgraden der organisatorischen Steuerung

Freiheitsgrade zu bevorzugen sind, die keine zusätzlichen manuellen Arbeiten erfordern.

Vor der Behandlung unterschiedlicher Strukturvarianten der organisatorischen Steuerung in Kapitel 5 müssen der Informationsfluß von FFS analysiert und die notwendigen Daten verarbeitungsgerecht aufbereitet werden. Speziell die Darstellung der Arbeitspläne muß so gewählt sein, daß sie sowohl für Planungstätigkeiten als auch für die Echtzeitverarbeitungsaufgaben der Disposition im Steuerungssystem geeignet sind.

4 Datengrundlage für die Steuerung von FFS

4.1 Analyse des Informationsflusses von FFS

Der Informationsfluß umfaßt alle Informationen, die zur
Steuerung und Überwachung der Fertigung gemäß den in 2.2 aufgeführten Funktionen notwendig sind. Gegenüber Bild 2.4, das
lediglich die drei Aufgabenblöcke eines Steuerungssystems
für FFS zeigt, sind in Bild 4.1 die Aufgaben in verschiedene
Ebenen gegliedert. Zusätzlich sind in diesem Bild die infor-
mationsflußtechnischen Verknüpfungen und die Dateien dargestellt.

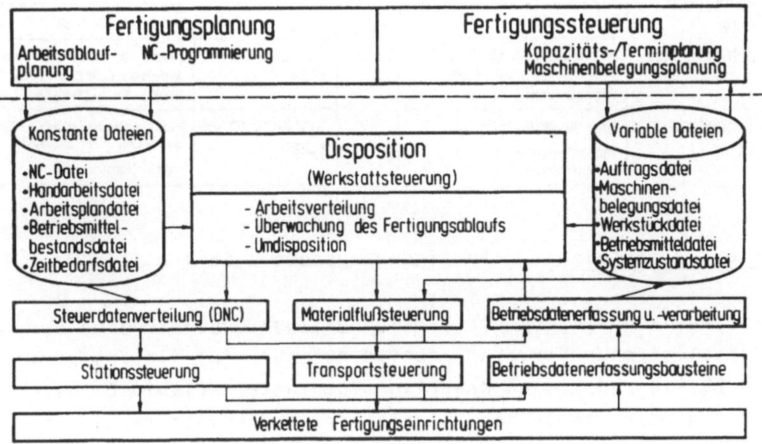

Bild 4.1: Informationsfluß von Fertigungssystemen

Die von der Fertigungsplanung erzeugten Daten werden in der
Regel nicht mehr verändert und vor allem vom laufenden Fertigungsprozeß selbst nicht beeinflußt. Deshalb sind die entsprechenden Dateien als konstant zu bezeichnen (Bild 4.2).
Sie bilden den Rahmen, innerhalb dessen die organisatorische
Steuerung ihren Aufgaben nachkommt. Sowohl für die Kapazitäts-
als auch die Maschinenbelegungsplanung sind die Planungsfrei-

heiten in den Arbeitsplänen festgelegt. Diese Arbeitspläne
bilden darüberhinaus die Grundlage für Überwachungsaufgaben
und für eine mögliche interne Umdisposition.

konstante Dateien	
Bezeichnung	Inhalt
Arbeitsplandatei	Arbeitsvorgänge mit bewerteten Alternativen Arbeitsvorgangsfolgen Stationszuordnung mit Alternativen Bearbeitungsdauer notwendige Betriebsmittel
NC-Datei	NC-Programme
Handarbeits-datei	Arbeitsinhalte für manuelle Tätigkeiten, z.B. Spannen, Rüsten
Betriebsmittel-bestandsdatei	Bestand an Werkzeugen, Prüfmitteln, Werkstückträgern, Spannmitteln Verwendungszweck
Zeitbedarfs-datei	Systemspezifische Zeiten, z.B. Transport / Handhabung Rüsten / Spannen

variable Dateien	
Bezeichnung	Inhalt
Auftragsdatei	geplanter Zeitbedarf, Losgrößen, Prioritäten und Auftragsfortschritt von Werkstattaufträgen
Maschinen-belegungsdatei	Arbeitsvorgangsfolgen für die einzelnen Stationen geplante Termine Prioritäten
Werkstückdatei	Fertigungszustand und Qualitätsmerkmale der einzelnen Werkstücke bzw. Lose
Betriebsmittel-datei	Zustand und Verfügbarkeit von Werkzeugen, Prüfmitteln, Werkstückträgern und Spannmitteln
Systemzustands-datei	Funktionszustand, Betriebszustand und Belegung der Stationen Lager- / Transportabbild

<u>Bild 4.2:</u> Dateien für Fertigungssysteme / 15 /

Dagegen sind die von der Fertigungssteuerung erzeugten organisatorischen Vorgaben jeweils nur für eine Planungsperiode gültig und kommen daher in sogenannte variable Dateien.
Neben diesen periodisch aktualisierten Vorgaben werden in
den variablen Dateien alle Informationen geführt, die den Zustand des Fertigungssystems und der sich im System befind-
lichen Werkstücke, Werkzeuge und sonstigen Betriebsmittel betreffen. Die Inhalte dieser Dateien werden schritthaltend zum
Prozeßgeschehen über die Betriebsdatenerfassung und -verar-
beitung fortgeschrieben / 5, 15 /.

4.2 Arbeitspläne mit alternativen Bearbeitungspfaden

4.2.1 Anforderungen an Arbeitspläne für FFS

Arbeitspläne müssen alle Informationen enthalten, die den Arbeitsablauf bei der Fertigung der Teile festlegen. Neben Ausweichmöglichkeiten für einzelne Arbeitsvorgänge, die bereits in herkömmlichen Arbeitsplänen zusätzlich eingetragen sind, müssen für FFS auch variable Arbeitsvorgangsfolgen darstellbar sein, um alle Freiheitsgrade der organisatorischen Steuerung zu ermöglichen. Weiterhin muß die eigentliche Bearbeitung mit den notwendigen Betriebsmitteln beschrieben sein oder über Verweise auf die entsprechenden Informationen zugegriffen werden können.

Neben der Forderung nach Vollständigkeit der enthaltenen Informationen ergeben sich Forderungen an die Struktur durch die unterschiedlichen Aufgabenstellungen, wie Kapazitätsplanung, Maschinenbelegungsplanung, Oberwachung des Fertigungsablaufs und Umdisposition bei Störungen, für die Arbeitspläne gebraucht werden. Außerdem sind die rechnergerechte Darstellung und der Erstellungsaufwand zu beachten. Im einzelnen ergeben sich folgende Forderungen:

- inhaltlicher Art:
  - unterschiedliche Anzahl von Arbeitsschritten,
  - größtmögliche Anzahl alternativer Arbeitsvorgänge,
  - Berücksichtigung aller Abhängigkeiten der Arbeitsvorgänge,
  - Einbeziehen von Arbeitsvorgängen, die mehrere andere ersetzen,
  - Bewertung einzelner Arbeitsvorgänge bzw. verschiedener Bearbeitungspfade,

- bezüglich der Aufgabenstellung
  - einfaches Auffinden von Alternativen,
  - ein Wechsel zwischen den Bearbeitungspfaden muß an allen möglichen Stellen erlaubt sein,
  - einfache Fertigungsfortschrittsüberwachung,
  - einfache Programmalgorithmen für Zugriff und Verarbeitung,

- <u>bezüglich der Rechnerdarstellung:</u>
  - •einfache (formale) Erstellung,
  - •nachträgliche Erweiterbarkeit um alternative Arbeits-
    vorgänge,
  - •geringer Speicherplatzbedarf,
  - •Übertragbarkeit (unabhängig von Rechnertyp und Program-
    miersprache).

Bisher gibt es keine Darstellungsform für Arbeitspläne, die
alle Forderungen berücksichtigt. Deshalb wurden zunächst die
verschiedenen Darstellungsmöglichkeiten untersucht und entsprechend den Erfordernissen bei der Echtzeitverarbeitung
eine zustandsorientierte Arbeitsplanbeschreibung entwickelt.

4.2.2 Darstellungsmöglichkeiten

Für die Darstellung von Arbeitsplänen mit alternativen Bearbeitungspfaden bieten sich folgende Möglichkeiten an
/ 17, 18, 14 /:

- linear,
- verzweigt,
- zustandsorientiert (Bild 4.3).

Bei der <u>linearen Darstellung</u> sind alle Pfade vollständig ausgeführt (Bild 4.3a). Hierbei hat man für jeden Arbeitsvorgang einen sogenannten Vorgangsknoten. Die Pfeile zwischen
den Knoten stellen Anordnungsbeziehungen (logische Verknüpfungen) dar / 17 /. Es zeigt sich bereits bei diesem Beispiel
mit drei in ihrer Reihenfolge voneinander unabhängigen Arbeitsvorgängen, daß der Umfang dieser Darstellung sehr stark
von der Anzahl der Arbeitsvorgänge und von den Reihenfolgebedingungen abhängt. Ein weiterer Nachteil dieser Methode besteht darin, daß Übergänge zwischen den verschiedenen Pfaden
nicht oder nur sehr schwierig nachzuvollziehen sind. Dagegen
läßt sich der Fertigungsfortschritt sehr einfach aufgrund der
Anzahl bereits gefertigter Arbeitsvorgänge angeben.

Bei der <u>verzweigten Darstellung</u> benutzt man die gleichen Darstellungselemente / 18 /. Jedoch reduziert sich der Umfang durch die Möglichkeit, daß den einzelnen Vorgangsknoten mehrere andere nachfolgen dürfen (Bild 4.3b).

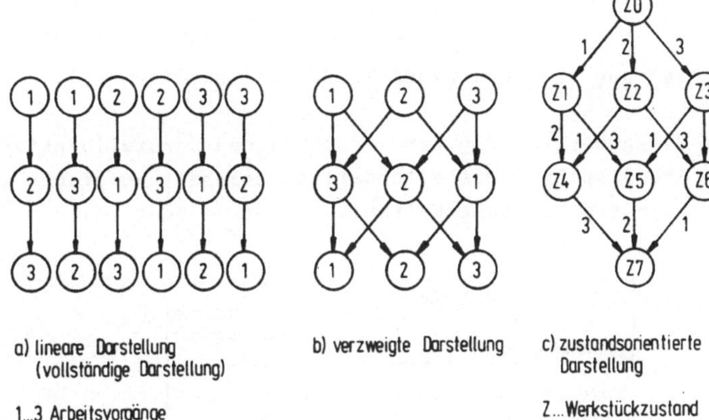

<u>Bild 4.3:</u> Darstellungsformen variabler Bearbeitungspfade

Hierbei sind alle möglichen Obergänge enthalten, was aber die Verfolgung des Fertigungsfortschritts erschwert. Es genügt dabei nicht, die Anzahl gefertigter Arbeitsvorgänge zu zählen, da Rückkopplungen und Schleifen entstehen können.

Eine prinzipiell andere, im Rahmen dieser Arbeit entwickelte Vorgehensweise stellt die <u>zustandsorientierte Darstellung</u> dar (Bild 4.3c). Sie entstand aus dem Gedanken, daß definierte Werkstückzustände Voraussetzung für die Durchführbarkeit der einzelnen Arbeitsvorgänge sind. Hierbei stellen die Knoten Werkstückzustände dar; die Arbeitsvorgänge repräsentieren die Obergangsbedingungen. Diese Problemlösung leitet sich aus der in der Steuerungstechnik für komplizierte Abläufe bereits erfolgreich angewandten Methode der Zustandsgraphen / 19 / ab. Ausgehend von einem Anfangszustand ZO, z.B. "Werkstück auf Palette gespannt", dürfen wahlweise drei unterschiedliche

Arbeitsvorgänge ausgeführt werden, die jeweils zu definier-
ten Werkstückzuständen (Z1, Z2, Z3) führen. Auf diese Weise
lassen sich sehr einfach eine prozeßbegleitende Werkstückzustandsfortschreibung und eine rechnergerechte Darstellungsform in Form von Matrizen realisieren (siehe 4.2.4).

4.2.3 Bewertung der verschiedenen Darstellungsformen

Bei der Gegenüberstellung der verschiedenen Darstellungsformen von Arbeitsplänen mit alternativen Bearbeitungspfaden sind
drei Gruppen von Leistungskriterien unterschieden (Bild 4.4).

Darstellungsform Leistungskriterien	linear	ver- zweigt	zustands- orientiert
geeignet für die Darstellung von :			
- unmittelbaren Nachfolgern	+	+	o
- mittelbaren Nachfolgern	−	o	+
- Mehrfachabhängigkeiten	o	o	+
- Ausweicharbeitsvorgängen	o	+	+
geeignet für die Aufgaben :			
- Auffinden von Alternativen	o	+	+
- Übergang auf andere Be- arbeitungspfade	−	+	+
- Einschleusen teilbearbeiteter Werkstücke	o	o	+
- Zustandsfortschreibung	+	o	+
rechnergerechte Darstellung :			
- Erstellung	+	o	+
- Speicherplatzbedarf	−	o	+
- Erweiterbarkeit	o	+	+

+gut omäßig −schlecht

<u>Bild 4.4:</u> Bewertung der Leistungsfähigkeit verschiedener
Darstellungsformen für Arbeitspläne

Zum einen ist dies das Darstellungsvermögen inhaltlicher Art
von Abhängigkeiten und Ausweichmöglichkeiten bei den Bearbei-

tungspfaden. Zum anderen ist es ausschlaggebend, für welche
Aufgaben der organisatorischen Steuerung die einzelnen Formen geeignet sind. Daneben spielt die rechnergerechte Darstellung eine wichtige Rolle, wobei neben den Forderungen nach
geringem Speicherplatzbedarf und Erweiterbarkeit die Erstellung der Arbeitspläne zu beachten ist. Hierbei ergeben sich
Vorteile für eine formale Vorgehensweise, da sie Voraussetzung für rechnergestützte Methoden ist.

Aufgrund dieser Gegenüberstellung lassen sich die Einsatz-
bereiche für die verschiedenen Darstellungsformen angeben:
Bei wenigen Bearbeitungspfaden eignet sich die lineare Darstellung. Hierbei können jedoch die Alternativen nur bei
der Kapazitätsplanung berücksichtigt werden; bei der Reihenfolgeplanung ist der gewählte Bearbeitungspfad bindend.
Die Zustandsfortschreibung hingegen ist wegen des festen Ablaufs sehr einfach zu realisieren.

Mit der verzweigten Darstellung sind alle Reihenfolgebedingungen zu erfassen, wobei mittelbare Nachfolger und Mehr-
fachabhängigkeiten das Verfahren schwieriger gestalten. Sehr
einfach lassen sich mit dieser Methode Alternativen auffinden, was einen funktionalen Abgleich bei der Kapazitätsplanung ermöglicht / 20 /. Auch der Übergang zwischen den Bearbeitungspfaden im Rahmen der Reihenfolgeplanung ist damit
möglich / 18 /. Schwieriger ist hingegen die Prozeßüberwachung mit der Zustandsfortschreibung und das Berücksichtigen beliebiger Ausgangszustände der Werkstücke. Der Speicherplatzbedarf ist gegenüber der vollständigen Darstellung
geringer, jedoch erhöht sich auch hier der zu speichernde
Informationsumfang bei starker Variation der Bearbeitungsfolgen beträchtlich.

Die zustandsorientierte Darstellung eignet sich besonders
für sehr variable Bearbeitungsfolgen und für alle Aufgaben,
die prozeßbegleitend erfolgen müssen, wie die Zustandsführung der einzelnen Werkstücke, die Überwachung des Fertigungsablaufs und die Umdisposition im Störungsfall. Die Ab-

hängigkeitsbedingungen der Arbeitsvorgänge lassen sich in
Form von logischen Gleichungen ausdrücken, was eine schnelle Verarbeitung auch mit kleinen Rechnern ermöglicht.

4.2.4 Zustandsorientierte Arbeitsplandarstellung

4.2.4.1 Arbeitsvorgänge und Arbeitsvorgangsfolgen

Nachdem sich gezeigt hat, daß die zustandsorientierte Darstellung für die geforderten Aufgabenstellungen am besten
geeignet ist, soll sie in diesem Abschnitt an einem Beispiel erläutert und eine rechnergerechte Struktur entwickelt
werden.

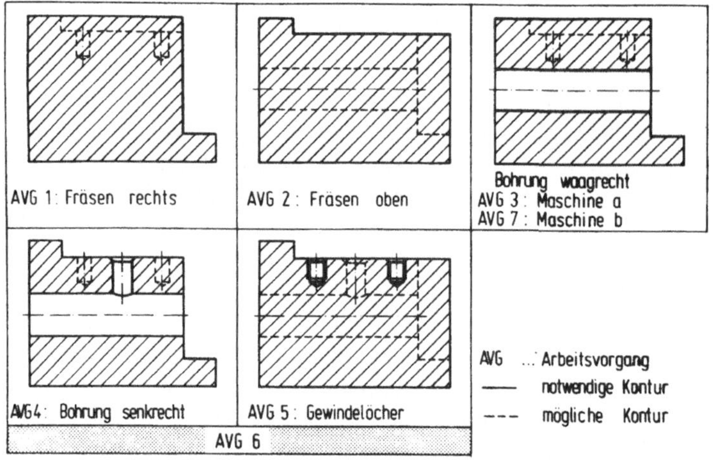

Bild 4.5: Arbeitsvorgänge eines Modellwerkstücks

Bild 4.5 zeigt die verschiedenen Arbeitsvorgänge zur Herstellung des Modellwerkstücks. Die beiden ersten sind voneinander unabhängige Fräsbearbeitungen. Nach dem Fräsen der
rechten Seite darf die waagerechte Bohrung angebracht werden. Hierfür stehen zwei alternative Arbeitsvorgänge (3,7)

auf unterschiedlichen Maschinen zur Auswahl. Die senkrechte
Bohrung bedingt ebenso wie das Ausführen der Gewindelöcher
eine gefräste Oberseite; sie darf außerdem erst nach der
waagerechten Bohrung gefertigt werden. Arbeitsvorgang 6
stellt die Zusammenfassung von 4 und 5 dar. Für ihn gelten
die Abhängigkeiten der Einzelarbeitsvorgänge. Im Bild 4.5
sind neben der für die Vorgänge notwendigen Werkstückkon-
tur gestrichelt die möglichen Formen eingezeichnet, was die
Darstellung der Arbeitsvorgangsfolgen erleichtert (Bild 4.6).

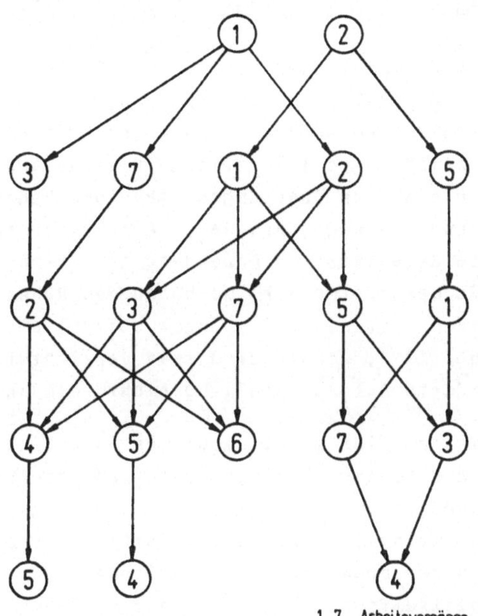

<u>Bild 4.6:</u> Arbeitsvorgangsfolgen des Modellwerkstücks
(verzweigte Darstellung)

Obwohl es sich beim Modellwerkstück um relativ einfache Fertigungsabläufe mit wenigen Alternativen handelt, ist es aufwendig, alle möglichen Arbeitsvorgangsfolgen auf diese Weise vollständig und einigermaßen übersichtlich darzustellen.

Erschwert wird dies vor allem durch die Alternativarbeits-
vorgänge 6 und 7. Es ist zu sehen, daß es Zweige gibt, die
variable Folgen enthalten (z.B. 1-2-...) und solche, bei
denen der Ablauf weitgehend festliegt (2-5-...). Für die Maschinenbelegungsplanung leitet sich daraus die Forderung ab,
möglichst solche Pfade zu wählen, die viele Abzweigungen besitzen. Allerdings sind andere Kriterien, wie z.B. Auswahl
der kürzesten Arbeitsvorgänge, wichtiger.

4.2.4.2 Fertigungsabläufe in zustandsorientierter Darstellung

Bild 4.7 zeigt die möglichen Fertigungsabläufe des Modellwerkstücks in der zustandsorientierten Darstellung. Zum bes-
seren Verständnis sind Anfangs-, End- und Zwischenzustände
durch Schnittzeichnungen illustriert. Die Zustände sind erreicht, wenn die an den Übergängen stehenden Bedingungen erfüllt, d.h. wenn die angeschriebenen Arbeitsvorgänge ausgeführt sind. Im Gegensatz zur Anwendung der Graphendarstel-
lung in der Steuerungstechnik, wo neben den Ruhezuständen
auch die aktiven Zustände (Bewegungszustände) als Knoten dargestellt sind / 19 /, wird hier darauf verzichtet, da dies
für die geforderte Aufgabenstellung nicht relevant ist.

In diesem Beispiel gibt es elf mögliche Werkstückzustände,
die sich aus der Kombination von fünf Arbeitsschritten ergeben, die wiederum durch sieben Arbeitsvorgänge realisiert
werden können (Bild 4.6). Arbeitsschritte umfassen einen de-
finierten, von der organisatorischen Steuerung nicht unter-
teilbaren Arbeitsumfang. Es sind also die kleinsten Elemente,
die den Arbeitsfortschritt beschreiben. Arbeitsvorgänge können einen oder auch mehrere Arbeitsschritte (z.B. Arbeitsvorgang 6) ausführen, wobei gewährleistet sein muß, daß die Gren-
zen zusammenfallen / 14 /.

Der gesamte Ablauf bis zur Fertigstellung des Werkstücks läßt
sich mit Hilfe logischer Gleichungen beschreiben.

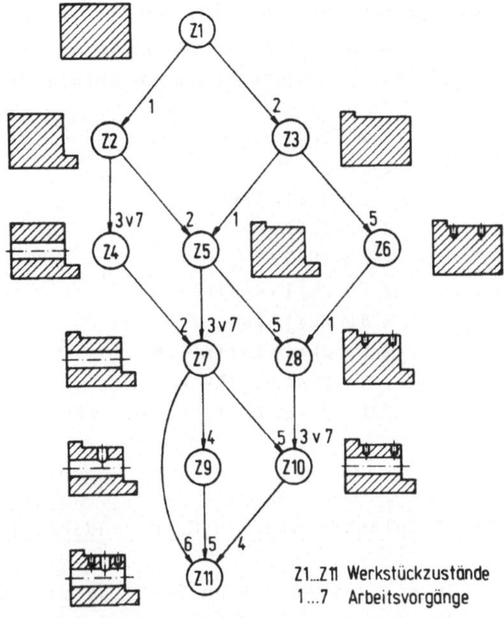

Bild 4.7: Fertigungsabläufe des Modellwerkstücks (zustandsorientierte Darstellung)

Ein Zustand ergibt sich aus dem Vorzustand logisch UND-ver-knüpft mit den Übergangsbedingungen (ausgeführte Arbeits-schritte der auf den Zustand zeigenden Arbeitsvorgänge); für das Modellwerkstück gilt:

$$Z2 = Z1 \wedge 1$$
$$Z3 = Z1 \wedge 2$$
$$Z4 = Z2 \wedge (3 \vee 7)$$
$$Z5 = (Z2 \wedge 2) \vee (Z3 \wedge 1)$$
$$Z6 = Z3 \wedge 5$$
$$Z7 = (Z4 \wedge 2) \vee (Z5 \wedge (3 \vee 7))$$
$$Z8 = (Z5 \wedge 5) \vee (Z6 \wedge 1)$$
$$Z9 = Z7 \wedge 4$$
$$Z10 = (Z7 \wedge 5) \vee (Z8 \wedge (3 \vee 7))$$
$$Z11 = (Z7 \wedge 6) \vee (Z9 \wedge 5) \vee (Z10 \wedge 4)$$

Durch Einsetzen und Vereinfachen erhält man Gleichungen, die
für die einzelnen Zustände nur noch die ausgeführten Arbeitsvorgänge ohne Reihenfolgebedingungen enthalten:

$$Z\,2 = Z1 \wedge 1$$
$$Z\,3 = Z1 \wedge 2$$
$$Z\,4 = Z1 \wedge 1 \wedge (3 \vee 7)$$
$$Z\,5 = Z1 \wedge 1 \wedge 2$$
$$Z\,6 = Z1 \wedge 2 \wedge 5$$
$$Z\,7 = Z1 \wedge 1 \wedge 2 \wedge (3 \vee 7)$$
$$Z\,8 = Z1 \wedge 1 \wedge 2 \wedge 5$$
$$Z\,9 = Z1 \wedge 1 \wedge 2 \wedge (3 \vee 7) \wedge 4$$
$$Z\,10 = Z1 \wedge 1 \wedge 2 \wedge (3 \vee 7) \wedge 5$$
$$Z\,11 = Z1 \wedge 1 \wedge 2 \wedge (3 \vee 7) \wedge ((4 \wedge 5) \vee 6)$$

4.2.4.3 Arbeitsplanstruktur in Matrizendarstellung

Grundlage für die zustandsorientierte Darstellung und das
Arbeiten damit ist das Wissen, welche Arbeitsschritte die
einzelnen Arbeitsvorgänge umfassen und welche Arbeitsschritte bereits ausgeführt sein müssen, d.h. welchen Zustand das
Werkstück haben muß, damit ein bestimmter Arbeitsvorgang gestartet werden darf. Zum Abspeichern dieser Informationen
wurde eine Arbeitsplanstruktur in Matrizenform entwickelt,
wie sie Bild 4.8 für das Modellwerkstück zeigt.

In einem Kopfteil sind die teilebezogenen Informationen zusammengefaßt. Neben der Teilenummer sind hier die Anzahl der
Matrizen, der Arbeitsschritte und der Arbeitsvorgänge eingetragen. Alle arbeitsvorgangsbezogenen Informationen sind in
Form von Matrizen bzw. Listen abgelegt, deren Länge durch
die Anzahl der Arbeitsvorgänge für das Teil festliegt.

In der Zustands- und Abhängigkeitsmatrix sind die Arbeitsschritte über den Arbeitsvorgängen aufgetragen; die Breite
ist also abhängig von der Anzahl Schritte. Aus der Zustandsmatrix läßt sich ablesen, welche Arbeitsschritte von den

einzelnen Arbeitsvorgängen ausgeführt werden. Außer für Arbeitsvorgang 6 ist dies im Beispiel jeweils nur ein Schritt, der durch "L" gekennzeichnet ist. Wie der Name angibt, wird diese Matrix für die Zustandsfortschreibung der Werkstücke gebraucht.

Teilebezogene Informationen
- Teilenummer
- Anzahl Matrizen
- Anzahl Arbeitsschritte
- Anzahl Arbeitsvorgänge
- Arbeitsplanstatus

Zustandsmatrix

AVG \ AS	5	4	3	2	1
1	0	0	0	0	L
2	0	0	0	L	0
3	0	0	L	0	0
4	0	L	0	0	0
5	L	0	0	0	0
6	L	L	0	0	0
7	0	0	L	0	0

Abhängigkeitsmatrix

AVG \ AS	5	4	3	2	1
1	0	0	0	0	0
2	0	0	0	0	0
3	0	0	0	0	L
4	0	0	L	L	L
5	0	0	0	L	0
6	0	0	L	L	L
7	0	0	0	0	L

Bearbeitungsdauer $\frac{min}{10}$

45, 30, 25, 15, 30, 42, 40

Maschinenmatrix

AVG \ MNR	...	6	5	4	3	2	1
1		L	0	L	0	0	0
2		0	L	0	0	0	0
		L	0	0	0	0	0
		0	L	0	0	L	0
		0	L	0	L	0	0
		0	L	0	0	0	0
		0	0	0	0	0	L

AS ...Arbeitsschritt
AVG...Arbeitsvorgang
MNR...Maschinennummer

<u>Bild 4.8:</u> Arbeitsplanstruktur in Matrizendarstellung

In der Abhängigkeitsmatrix ist angegeben, welcher Werkstückzustand für die Ausführung der einzelnen Arbeitsvorgänge vorausgesetzt wird. Es ist zu sehen, daß die Arbeitsvorgänge 1 und 2 unmittelbar am unbearbeiteten Werkstück (Zustand Z1 in Bild 4.7) erfolgen können. Die übrigen Arbeitsvorgänge erfordern dagegen, daß einzelne bzw. mehrere Arbeitsschritte bereits vorhanden sind, entsprechend den Abläufen in Bild 4.7. Die Informationen in dieser Matrix dienen zur Überwachung des Fertigungsablaufs sowie für die Reihenfolgeplanung z.B. im Rahmen einer Umdisposition.

Außerdem müssen über Verweise im Arbeitsplan die zu den Arbeitsvorgängen gehörigen NC-Programme sowie evtl. Rüst- und Betriebsmittelpläne aufzufinden sein. Diese Verweise lassen

sich wie die Bearbeitungsdauer in den Matrizen zugeordneten
Listen führen. Auch die Zuordnung der Arbeitsvorgänge zu den
verschiedenen Maschinen läßt sich in der Matrizendarstellung
einfach festlegen. Hierbei sind die Maschinennummern über
den Vorgängen aufgetragen. Kann ein Arbeitsvorgang auf einer
Station durchgeführt werden, steht in der entsprechenden Spalte "L".

4.3 Dateien zur Fertigungsfortschrittsführung

Da die weiteren konstanten Dateien (Bild 4.2) nur wenig FFS-
spezifische Strukturen oder Informationen enthalten und nur
geringe Berührungspunkte mit der Steuerung und Überwachung
des Fertigungsablaufs haben, kann auf eine ausführliche Darstellung verzichtet werden. Wichtig für diesen Aufgabenkom-
plex sind dagegen die variablen Dateien.

Die Fertigungsfortschrittsführung muß sowohl den gesamten
Werkstattauftrag - bei losweiser Fertigung - als auch das
Einzelwerkstück betrachten. Dem kann durch getrennte Dateien
für Aufträge und Werkstücke Rechnung getragen werden, wie
dies im Übersichtsbild 4.2 gezeigt wird. Andererseits genügt
bei Einzelbearbeitung, wobei jedes Werkstück einen Auftrag
darstellt, eine Datei. Auch bei losweisem Fertigen ist neben
den Informationen für die Einzelwerkstücke lediglich eine
Zuordnung zu den Aufträgen zu berücksichtigen.

Die Art der Fertigungsfortschrittsführung ist, wie bereits
in 4.2 angesprochen, sehr stark von der Arbeitsplandarstellung abhängig. Bei der linearen Darstellung kennt man den
gewählten Fertigungspfad und muß nur die Anzahl ausgeführ-
ter Arbeitsvorgänge registrieren. Bei der verzweigten Darstellung muß vermerkt werden, wieviele und welche Arbeitsvorgänge fertig sind.

Beim Arbeiten mit der in 4.2 gezeigten Arbeitsplanform genügt es, für jedes Werkstück ein Zustandswort zu führen,
das Aussagen über die ausgeführten Arbeitsschritte erlaubt;

man spricht deshalb auch von Werkstückzustandsfortschreibung / 9 /. Bild 4.9 zeigt die Struktur der entsprechenden
Dateien für losweise Bearbeitung.

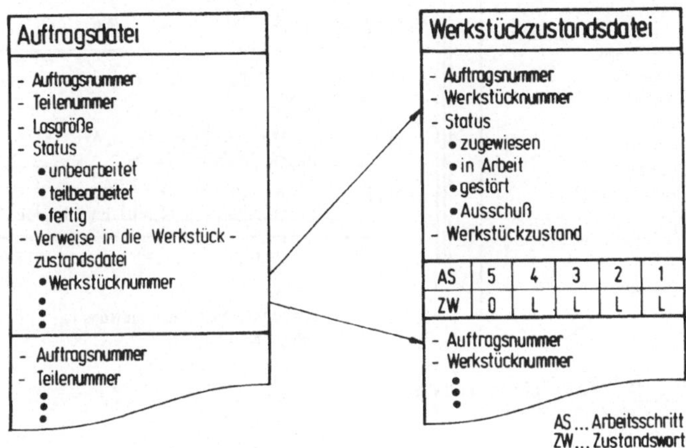

<u>Bild 4.9</u>: Dateien zur Fertigungsfortschrittsführung

Die Auftragsdatei dient zum Abspeichern von Informationen,
die den gesamten Auftrag betreffen, sowie der Verweise auf
die Zustandsdatei. Das Zustandswort ist abhängig von der
Anzahl der Arbeitsschritte, wie sie im Arbeitsplan vermerkt
ist. Hier beträgt sie in Anlehnung an das Modellwerkstück
fünf, wobei vier bereits ausgeführt sind.

4.4 Maschinenbelegungsdatei

In der Maschinenbelegungsdatei stehen die Vorgaben der Fertigungssteuerung. Dies sind Arbeitsvorgangsfolgen für die
einzelnen Maschinen bzw. Maschinengruppen mit den geplanten
Terminen. Hier können zusätzlich Prioritäten eingetragen
werden, damit bei Systemstörungen z.B. Eilaufträge erkannt
werden (Bild 4.10). Neben dem Auftrag, zu dem der Arbeitsvorgang gehört, ist der augenblickliche Status aufgeführt.

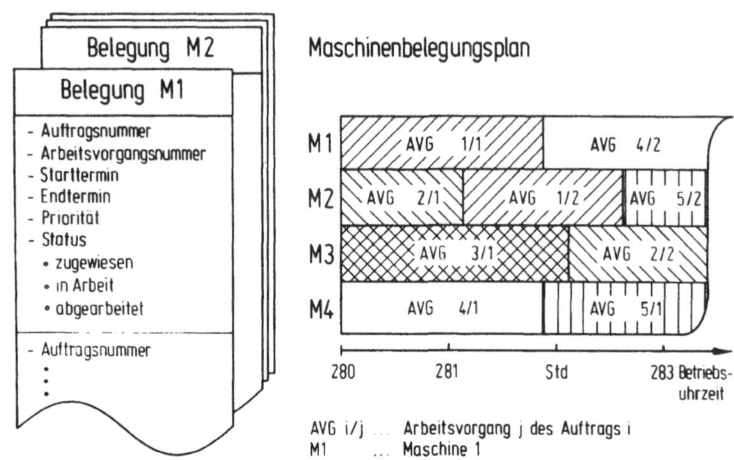

Bild 4.10: Maschinenbelegungsplan

Links im Bild sind die Belegungspläne der einzelnen Maschinen mit den je Arbeitsvorgang notwendigen Informationen gezeigt. Daneben ist ein Ausschnitt aus einem Maschinenbelegungsplan für vier Maschinen beispielhaft über der Zeit dargestellt. Da Arbeitsvorgang 1/2 auf Maschine 2 bereits vor Beendigung der Vorbearbeitung 1/1 auf der ersten Maschine beginnt, liegt überlappende Bearbeitung vor.

4.5 Systemzustandsdatei

Damit zu jedem Zeitpunkt ein genaues Prozeßbild vorliegt, müssen neben den Daten zur Fertigungsfortschrittsführung auch Informationen über die Betriebsmittel im System und über die Systemkomponenten selbst erfaßt werden / 11, 14 /.

Bild 4.11 enthält eine Zusammenstellung der wichtigsten Größen für die einzelnen Komponenten, wobei zu unterscheiden ist zwischen Einheiten, die Bewegungen ausführen (Arbeitsstationen, Transporteinrichtungen), und statischen Speichereinrichtungen. Neben Belegungs- und Funktionszu-

ständen, die bei allen zu registrieren sind, treten unterschiedliche Betriebszustände nur bei aktiven Komponenten auf.
Bei den Arbeitsstationen sind dies die bekannten Maschinen-
zeiten, wie sie z.B. zur Bestimmung der Auslastung erfaßt werden / 21 /.

Systemkomponenten			
	Arbeitsstationen	Transporteinrichtung	Speichereinrichtungen
Betriebs-zustand	Hauptnutzung Nebennutzung Rüsten Stillstand ⋮	Transportfahrt Leerfahrt Handhabung Stillstand (Standort) ⋮	—
Funktions-zustand	einsatzfähig Einzelfunktionen gestört Störung (Ursache)	einsatzfähig Einzelfunktionen gestört Störung (Ursache)	zulässiger Speicherplatz gesperrter Speicherplatz
Belegungs-zustand	Arbeitsplatz, Pufferplatz frei belegt (Werkstück-, Werk- zeug-, NC-Pro- grammnummer)	Transportplätze frei belegt (Werkstück-, Werk-, zeugnummer)	Speicherplätze frei belegt (Werkstück-, Werk-, zeugnummer) reserviert

<u>Bild 4.11:</u> Zustände von Systemkomponenten

Der Funktionszustand gibt an, ob alle Funktionen fehlerfrei
arbeiten oder ob einzelne Funktionseinheiten ausgefallen bzw.
nur beschränkt einsatzfähig sind. Dies kann z.B. dazu führen,
daß bestimmte Bearbeitungen nicht mehr möglich oder nur noch
geringere Genauigkeiten erreichbar sind. An Stationen mit Bedienungspersonal gehören dazu Informationen über den augen-
blicklichen Personalstand.

Bei den Betriebsmitteln (Werkzeuge, Prüfmittel, Werkstückträger, Spannmittel) beschränkt sich die Zustandsführung auf
Informationen über die Verfügbarkeit. Lediglich bei den Werkzeugen ist eine Standzeitüberwachung vorzusehen, wobei für
jedes eine Reststandzeit oder der Verschleißzustand bestimmt
wird (siehe 6.3.4).

5 Struktur der organisatorischen Steuerung von FFS

5.1 Die organisatorische Steuerung als Regelkreis

Die Aufgaben der organisatorischen Steuerung bestehen, wie
in Kapitel 3 ausgeführt, aus Planungstätigkeiten, der Steuerung des Fertigungsablaufs sowie dessen Überwachung. Planungstätigkeiten im kurzfristigen Bereich fallen unter den
Begriff Maschinenbelegungsplanung und umfassen die Zuordnung von Arbeitsvorgängen auf die verschiedenen Stationen
(Kapazitätsplanung) sowie die Reihenfolgebestimmung der Vorgänge unter Berücksichtigung von Terminen. Für die Durchführung des geplanten Fertigungsablaufs sorgt die Arbeitsverteilung. Zur Überwachung des Fertigungsablaufs und zur Rück-
meldung des Auftragsfortschritts für die Planung bzw. Beein-
flussung des Ablaufs ist das Erfassen von Betriebsdaten aus
dem Prozeß erforderlich. Auf diese Weise schließt sich der
Regelkreis der organisatorischen Steuerung (Bild 5.1).

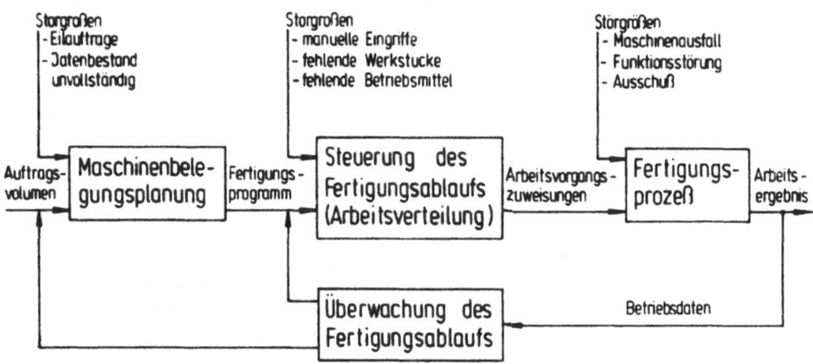

Bild 5.1: Die organisatorische Steuerung als Regelkreis

Störgrößen auf diesen Regelkreis können entweder von außen,
z.B. durch Eilaufträge oder fehlende Datenbereitstellung der
vorgelagerten Arbeitsvorbereitung, durch Fehler bei der Be-

schickung bzw. Bedienung oder aber durch Störungen an den
Komponenten des Fertigungssystems selbst auftreten.

Stehen die aus dem Fertigungsprozeß gewonnenen Daten über
den Systemzustand und den Fertigungsablauf jederzeit für
die Maschinenbelegungsplanung zur Verfügung, dann lassen
sich im Fertigungsprogramm sowohl die Auswirkungen vergan-
gener Störungen ausregeln, als auch aktuelle in den Planungszeitraum reichende Beeinträchtigungen berücksichtigen.
Damit die Auswirkungen von Störungen, die während der Fertigung auftreten, das vorgegebene Programm nicht völlig un-
durchführbar machen, können zeitliche Puffer, z.B. zwischen
den einzelnen Arbeitsvorgängen an einem Werkstück, eingeplant werden. Dies führt im Extremfall dazu, daß pro Planungsperiode nur ein Arbeitsvorgang eines Werkstücks berücksichtigt wird; man hat dann eine quasi-einstufige Fertigung.

Um solche Restriktionen, die dem Gedanken von FFS entgegen-
laufen, auszuschließen, muß eine Reaktion auf Störungen kurzfristig während der Durchführung der Fertigung möglich sein.
Dies kann erreicht werden durch eine sehr kurze Planungsfre-
quenz, bis hin zu einer mit dem Fertigungsprozeß schritt-
haltenden Planung (on-line) oder aber durch spezielle Umdispositionsstrategien, die nur im Störungsfalle wirksam
sind. Entsprechend ergeben sich die nachfolgend beschrie-
bene Strukturvarianten für die organisatorische Steuerung,
die sich in der Aufgabenverteilung zwischen Planung und
Durchführung unterscheiden.

5.2 Strukturvarianten

5.2.1 Off-line-Planung

Wie Bild 5.2 zeigt, erfolgt bei der ersten Struktur die gesamte Maschinenbelegungsplanung in einem Planungslauf vor
der eigentlichen Durchführung der Fertigung. Sowohl die Auf-

tragszuordnung auf die einzelnen Stationen, als auch die Reihenfolge der Arbeitsvorgänge je Station bilden als Fertigungsprogramm die Steuerdatenvorgabe für das Fertigungssystem. Kapazitäts- und Reihenfolgeplanung können, wie üblich, nacheinander ablaufen oder gemeinsam von einem Planungsprogramm abgearbeitet werden. Im zweiten Fall ist der Planungsaufwand höher, das Ergebnis jedoch der Flexibilität von FFS besser angepaßt / 18 /.

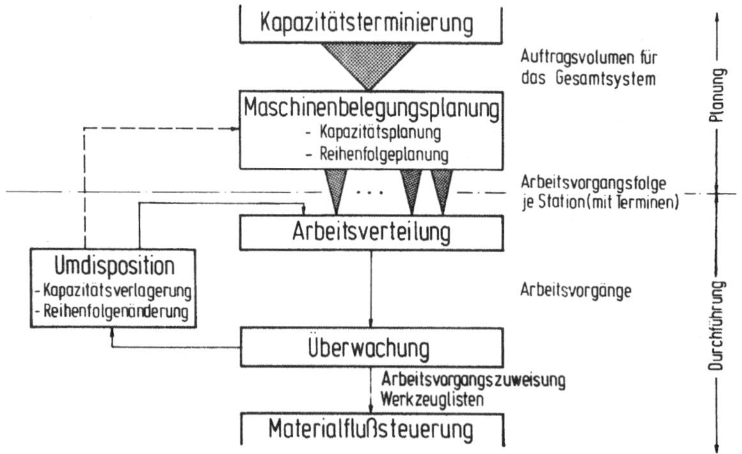

Bild 5.2: Organisatorische Steuerung von FFS mit externer Maschinenbelegungsplanung

Da die Maschinenbelegungsplanung auf den im Arbeitsplan eingetragenen Werten für die Bearbeitungszeiten basiert, ergeben sich zusätzlich zu den Reihenfolgen jeweils die geplanten Start- und Endtermine für die Arbeitsvorgänge. Sie können dem Steuerungssystem zur Überwachung mitgegeben werden, sind jedoch nicht als Zeitpunkte für das Ausführen von Vorgängen zu betrachten. Zum einen stimmen die der Planung zugrundeliegenden Bearbeitungs- und Transportzeiten nicht immer mit den tatsächlichen Werten überein (z.B. variieren die Werkzeugwechsel- und Transportzeiten), zum anderen führen Störungen

an einzelnen Komponenten zu Terminabweichungen. Deshalb muß
die Abarbeitung abhängig vom Prozeß erfolgen.

Dabei kommt der Arbeitsverteilung lediglich die Aufgabe zu,
auf Arbeitsanforderungen den einzelnen Stationen, gemäß dem
vorgegebenen Fertigungsprogramm, neue Arbeitsvorgänge zuzuweisen.

Die Überwachung des Fertigungsablaufs verhindert, daß bei
Unregelmäßigkeiten Vorgänge zugewiesen werden, die zwar geplant sind, aber aufgrund des aktuellen Systemzustands nicht
bearbeitet werden können. Eine weitere wichtige Aufgabe ist
das Überprüfen der Werkzeugverfügbarkeit mit Angabe der an
den Stationen fehlenden Werkzeuge. Arbeitsvorgangszuweisungen und Listen der fehlenden Werkzeuge bilden die Aufträge für die Werkzeugflußsteuerung.

Um bei Störungen die Ausfallzeiten gering zu halten, sind
bei dieser Steuerungsstruktur Umdispositionsmöglichkeiten
in Echtzeit vorzusehen. Die Vorgehensweise entspricht weitgehend der der vorgelagerten Maschinenbelegungsplanung, jedoch bilden der geringere Planungshorizont, das beschränkte
Auftragsvolumen im System und der aktuelle Systemzustand
Restriktionen hinsichtlich der Optimierungsziele. Sind es
bei der Maschinenbelegungsplanung die in Kapitel 3.2.1 genannten Zielkriterien, so muß bei der Umdisposition die Auf-
rechterhaltung der Fertigung unter den gegebenen Umständen
bei möglichst geringer Abweichung vom vorgegebenen Fertigungsprogramm im Vordergrund stehen, da Abweichungen vom
Plan meist zusätzliche Rüst- und Beschickungsmaßnahmen erfordern.

5.2.2 Kombinierte Planung

Bei der kombinierten Planung erfolgt nur die Zuordnung der
Arbeitsvorgänge auf die einzelnen Stationen vorab in einem
gesonderten Planungslauf (Bild 5.3). Gemäß dieser Vorgabe

lassen sich Werkstück- und Betriebsmittelbereitstellung durchführen. Da die Reihenfolgen und Termine nicht festliegen,
müssen alle Werkstücke, Werkzeuge und Spannmittel sowie die
notwendigen Hilfsstoffe bereits vor Beginn der Fertigung im
System sein.

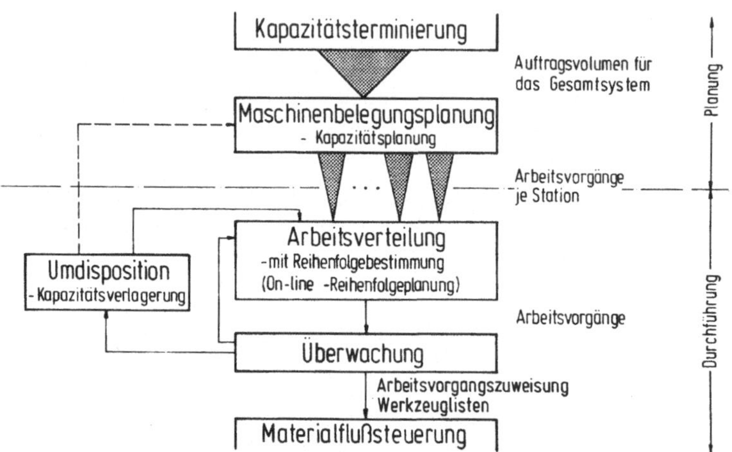

<u>Bild 5.3</u>: Organisatorische Steuerung von FFS mit kombi-
nierter Belegungsplanung

Die Arbeitsverteilung hat hierbei die Aufgabe, bei Arbeitsanforderungen aus dem Vorrat der Stationen einen Arbeitsvorgang zu bestimmen und zuzuweisen. Dies ist eine On-line-Rei-
henfolgeplanung, bei der jeweils der nächste Vorgang nach
bestimmten Zielkriterien (Prioritätsregeln) zugeteilt wird.

Die Aufgaben der Überwachung entsprechen denen der ersten
Strukturvariante. Überwachung und Arbeitsverteilung stehen
in einer direkten Verbindung, da bei der Bestimmung zuzu-
weisender Arbeitsvorgänge eine Überwachung auf Zulässigkeit nötig ist. Aufgrund der prozeßabhängigen Reihenfolgebestimmung verbleiben für die Umdisposition lediglich Kapa-
zitätsverlagerungen innerhalb des Systems.

5.2.3 On-line-Planung

Im Gegensatz zu den beiden ersten Steuerungsstrukturen entfällt hier die externe Maschinenbelegungsplanung vollständig.
Vorgabe für die Durchführung der Fertigung ist das Auftragsvolumen für das Gesamtsystem (Bild 5.4).

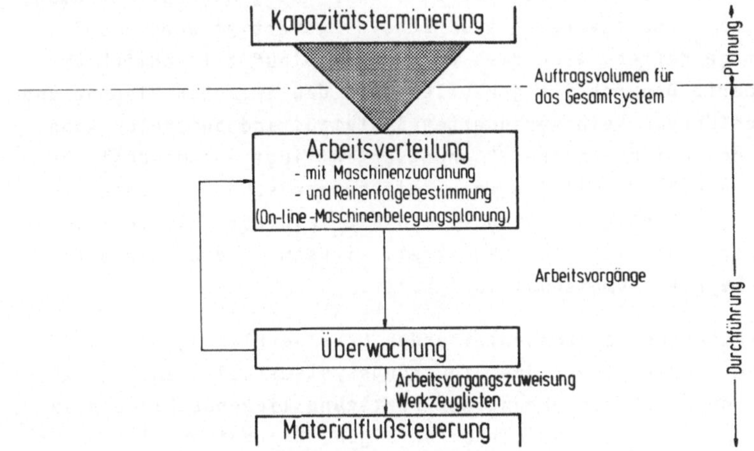

Bild 5.4: Organisatorische Steuerung von FFS mit On-line-
Maschinenbelegungsplanung

Von der Arbeitsverteilung müssen Maschinenzuordnung und Reihenfolgen der Arbeitsvorgänge prozeßbegleitend (on-line) bestimmt werden. Hierbei lassen sich Störungen jederzeit berücksichtigen, was eine gesonderte Umdisposition überflüssig
macht.

Wie bei der kombinierten Planung steht die Arbeitsverteilung in einer direkten Verbindung mit der Überwachung, da
fortwährend die Freigabe der einzelnen Arbeitsvorgänge überprüft und der Systemzustand berücksichtigt werden muß.

5.3 Gegenüberstellung der Strukturvarianten

Alle drei gezeigten Strukturvarianten für die organisatorische Steuerung von FFS erlauben das Ausregeln von Störgrößen, die von außen auf das System wirken oder im System
selbst auftreten. Sie unterscheiden sich jedoch in der Realisierung. So wird bei der On-line-Planung die Entscheidung,
welcher Arbeitsvorgang als nächster gefertigt werden soll,
erst getroffen, wenn dies der Prozeßablauf tatsächlich erfordert. Dadurch ist gewährleistet, daß zwischen Planung und
Durchführung kein veränderter Systemzustand auftreten kann.
Bei den beiden anderen Planungsarten liegt - zumindest für
Teilaufgaben - ein längerer Zeitraum zwischen Planungsvorgang und Fertigung. Deshalb muß hier ein kurzfristig reagie-
render, unterlagerter Regelkreis wirksam werden, der unter
den Begriff "Umdisposition" fällt.

Gegenüber der prozeßbegleitenden On-line-Planung, die auf
einem Prozeßrechner des Steuerungssystems ablaufen muß, können vor der Durchführung der Fertigung liegende Planungsauf-
gaben auf einem Großrechner erfolgen. Hierbei spielt die Pro-
grammlaufzeit eine untergeordnete Rolle. Dies erlaubt die Berücksichtigung einer größeren Anzahl von Planungsparametern
sowie die Wahl eines großen Planungshorizonts (Bild 5.5), was
die Planungsqualität erhöht. Außerdem läßt sich das Planungs-
ergebnis nachträglich durch manuelle Eingriffe, bzw. durch
mehrfache Planungsläufe mit geänderten Parametern verbessern.

Ein genau determiniertes Fertigungsprogramm für eine Planungsperiode erhöht die Transparenz des Betriebsgeschehens
und erleichtert die Einbeziehung manueller Tätigkeiten in
den Fertigungsablauf, insbesondere die Werkstück- und Betriebsmittelbereitstellung. Eine On-line-Planung erfordert dagegen ein Fertigungssystem mit höherem Automatisierungsgrad in
allen Bereichen.

Entfallen bei einem hochautomatisierten Fertigungssystem
manuelle Tätigkeiten weitgehend und liegt eine einstufige

Bewertungs- kriterien Strukturvariante	Transparenz	geforderter Automatisie- rungsgrad	zu berück- sichtigende Parameter	Prozeß- kopplung manueller Tätigkeiten	Planungs- horizont
Off-line-Planung	sehr hoch	gering	sehr hoch	gering	groß
kombinierte Planung	mittel	mittel	hoch	mittel/ gering	groß
On-line-Planung	gering	sehr hoch	gering	sehr hoch	klein

<u>Bild 5.5:</u> Gegenüberstellung der Strukturvarianten

Fertigung vor - wobei keine Abhängigkeiten zwischen den Arbeitsvorgängen auftreten - so bietet sich die On-line-Planung an. Fehlt der zentrale Werkzeugfluß, kommt auch bei einstufiger Fertigung nur eine kombinierte Planung in Frage. Bei mehrstufiger Fertigung empfiehlt sich die Off-line-Planung mit schrittweisem Ausbau von manueller zu automatischer Umdisposition im Störungsfall.

Aufgrund dieser Ausführungen sieht man, daß sich die verschiedenen Strukturvarianten jeweils nur in einzelnen Aufgaben unterscheiden. Ein aufgabenorientiertes Programmsystem, das den schrittweisen Ausbau von der Off-line-Planung (in der ersten Stufe ohne automatische Umdisposition) hin zu einer On-line-Planung ermöglicht, ist deshalb anzustreben. Mit den bisherigen Untersuchungen wurden die Grundlagen hierfür geschaffen. Im weiteren wird die Entwicklung eines modularen Programmsystems, das diesen Anforderungen entspricht, beschrieben und die Realisierung für eine Pilotanlage vorgestellt.

6 Entwicklung von Programmbausteinen zur Disposition im Steuerungssystem einer Pilotanlage

6.1 Aufgabenstellung

Im Rahmen des Aufbaus der Pilotanlage eines flexiblen Fertigungssystems des Sonderforschungsbereichs 155 der Universität Stuttgart bestand die Aufgabe, die erarbeiteten Grundlagen zur organisatorischen Steuerung zu verwirklichen, in ein gerätemäßig vorgegebenes Steuerungssystem zu integrieren und den Nachweis für die Funktionstüchtigkeit zu führen.

6.1.1 Auslegung der Pilotanlage

Bei der genannten Anlage handelt es sich um ein Fertigungssystem für prismatische Werkstücke mit Kantenlängen bis 300 mm (Bild 6.1) / 6, 22 /.

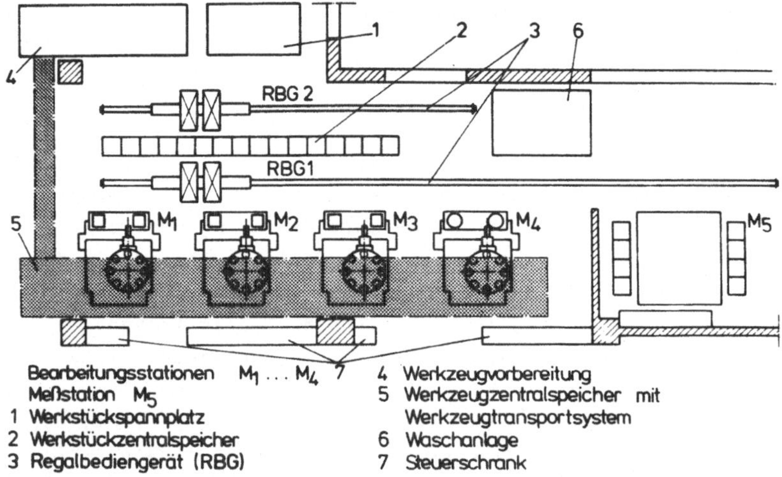

Bild 6.1: Grundriß der Pilotanlage / 6, 14 /

Da es sich um eine Versuchsanlage handelt, müssen verschiedene Grundkonzepte von FFS nachgebildet werden können. Deshalb wurden als Bearbeitungsstationen vier universelle Bearbeitungszentren ausgewählt, die sich nur in Details unterscheiden. Durch frei wählbare Restriktionen ist man so in der Lage, die sich ersetzenden Stationen als ergänzend mit beschränkten Funktionen bzw. als eine Kombination von sich ergänzenden und sich ersetzenden Maschinen zu betreiben.

Jede Station besitzt zwei Bearbeitungsplätze, die eine Pufferung und wechselweise Bearbeitung von Werkstücken auf einer Maschine erlauben. Diese Bearbeitungsplätze sind mit Rundschalteinrichtungen versehen, damit eine Mehrseitenbearbeitung in einer Aufspannung möglich ist. Als weitere Stationen sind eine Meßstation und eine Waschanlage vorgesehen.

Forderungen nach einer allgemeingültigen Lösung führten beim Werkstückfluß zu einem Regalbediengerät, das den Transport zwischen den Bearbeitungsstationen und dem Werkstückspeicher

Bild 6.2: Pilotanlage

übernimmt. Diese Lösung gestattet das Nachvollziehen der unterschiedlichen Organisationsprinzipien (siehe Bild 3.5). Ein zweites Bediengerät führt die Transportvorgänge der Werkstücke zwischen Spannplatz und Regal aus. Das Werkzeugflußsystem mit Zentralspeicher und Transporteinrichtungen wird zur Zeit aufgebaut / 23 /.

6.1.2 Steuerungssystem der Pilotanlage

Das Steuerungssystem der Pilotanlage ist charakterisiert durch die Zusammenfassung artgleicher Aufgaben unter Beachtung der

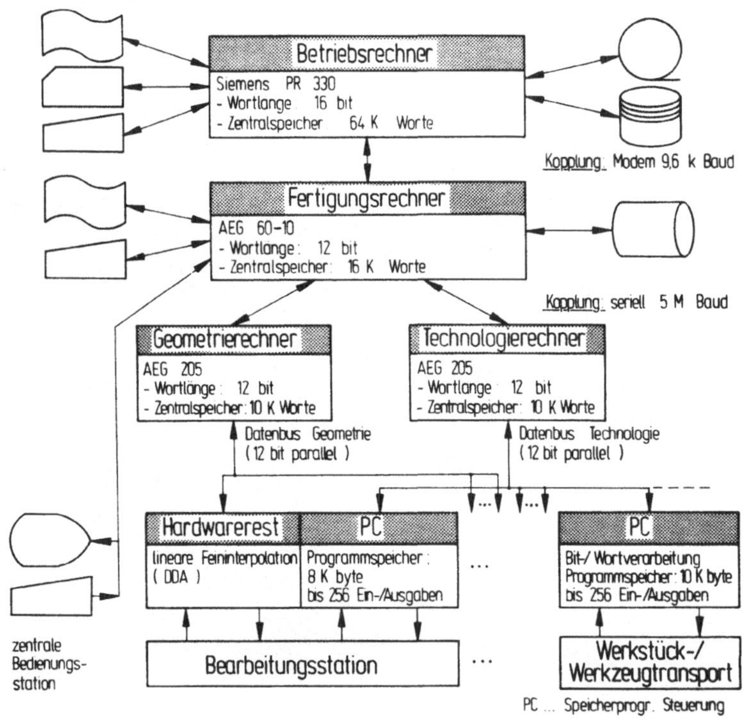

Bild 6.3: Hierarchisches Steuerungssystem der Pilotanlage

jeweiligen zeitlichen Anforderungen in einem funktionsorien-
tierten, hierarchischen Mehrrechnersystem (Bild 6.3) / 2,24 /.

Durch die Realisierung eines DNC-Reststeuerungskonzepts ergibt sich bereits bei der NC-Datenverteilung eine Aufspal-
tung in Geometrie- und Technologiedaten, die funktionsbezo-
gen in den entsprechenden Rechnern für alle Maschinen abgearbeitet werden. Gleiche Aufgaben, wie bei der Abarbeitung
technologischer NC-Daten, fallen bei der gerätenahen Steuerung der Transportvorgänge an; sie werden deshalb ebenfalls
im Technologierechner bearbeitet.

Im Fertigungsrechner sind neben der NC-Datenverteilung alle
zentralen Steuerungs- und Überwachungsfunktionen angesiedelt. Außerdem erfolgt über diesen Rechner die zentrale Bedienung des Fertigungssystems.

Nicht unmittelbar und ständig mit dem Fertigungsprozeß in
Verbindung ist der Betriebsrechner. Hier sind alle Aufgaben
konzentriert, die vor der Durchführung der Fertigung ablaufen. Außerdem sind hier umfangreiche Datenarchive abgelegt.

6.1.3 Randbedingungen, Anforderungen

Aufgrund der Randbedingungen durch die Auslegung der Pilotanlage sowie der Anforderungen bezüglich allgemeingültiger
Untersuchungen lassen sich die Einflußgrößen auf die organisatorische Steuerung (vgl. 3.5) spezifizieren. Sie sind in
Bild 6.4 zusammengestellt.

Die universelle Auslegung der Bearbeitungsstationen erlaubt,
verschiedene Grundkonzepte von FFS nachzubilden. Die organisatorische Steuerung muß daher auf ein kombiniertes System,
als allgemeiner Fall, ausgerichtet sein. Dies um so mehr,
da Auf- und Abspannen in den Fertigungsablauf einbezogen werden sollten.

Die Realisierung des Werkstücktransports mit Regalbedienge-
räten erlaubt sowohl beliebige Stationsfolgen je Werkstück

Systemauslegung	Werkstückspektrum

Bearbeitungsstationen :
   4 ersetzende Stationen (Bearbeitungs-
   zentren)
 	
Werkstückfluß :
  - Transport sternförmig durch Regal-
   bediengerät
  - zentraler Regalspeicher (108 Werkstücke)
 	
Werkzeugfluß :
  - z. Zt. nur Maschinenspeicher für 20
   Werkzeuge
  - Aufbau einer zentralen Werkzeug-
   versorgung
	Anzahl unterschiedlicher Teile :
	   beliebig
	
	Losgrößen :
	   1 ... ca. 100
	
	Art der Losbearbeitung :
	   überlappend
	
	Fertigungsstufen je Teil :
	   1 ... ca. 10
	
	Bearbeitungsdauer :
	   3 ... 30 Minuten je Arbeitsvorgang
	
	Arbeitsvorgangsfolge :
	   gemischt

Bild 6.4: Einflußgrößen der organisatorischen Steuerung
für die Pilotanlage

als auch beliebige Werkstückfolgen je Station. In Verbindung
mit dem Regallager, das wahlfreien Zugriff ermöglicht, kann
hier nur eine Zielsteuerung (vgl. 3.3.1.2) angewandt werden.
Obwohl das zentrale Werkzeugflußsystem erst im Aufbau ist,
mußte die Einbeziehung der Werkzeugversorgung in den Fertigungsablauf vorbereitet werden. Bei der Maschinenbelegungsplanung galt es, das Umrüsten der Maschinenmagazine zu berücksichtigen und während der Fertigung die Verfügbarkeit
der Werkzeuge zu kontrollieren. Neben dem Verteilen der Arbeitsvorgänge auf die verschiedenen Stationen sind zusätzlich Aufträge für das automatische Bereitstellen der Werkzeuge an die Materialflußsteuerung auszugeben.

Um allgemeingültige Untersuchungen mit der Pilotanlage
durchführen zu können, bestand die Forderung, daß bezüglich des zu fertigenden Werkstückspektrums und der Arbeitsabläufe der Teile keine Einschränkungen bestehen dürfen.
Aus diesem Grunde wurde die in Kapitel 4.2 vorgestellte Arbeitsplandarstellung entwickelt.

Eine weitere Forderung an die organisatorische Steuerung betraf die Reaktionsfähigkeit des Systems auf Störungen. Dabei sollte der Fertigungsablauf sowohl manuell als auch automatisch beeinflußt werden können.

6.2 Programmstruktur der organisatorischen Steuerung der Pilotanlage

Trotz des hohen Automatisierungsgrads der Pilotanlage im Endausbau sprachen die in Kapitel 5.3 aufgeführten Gründe - zumindest für die Aufbauphase und den Betrieb ohne automatischen Werkzeugfluß - für eine Trennung der Planung von der Ausführung. Auf diese Weise lassen sich vorgegebene Fertigungsprogramme wie geplant abarbeiten, was für den Versuchsbetrieb notwendig ist. Außerdem gestattet diese Vorgehensweise das Spannen der Werkstücke ohne zu enge Kopplung des Personals an den Fertigungsablauf.

Durch die Umdisposition im Störungsfall verbleiben auch bei den Strukturen 1 und 2 die Möglichkeiten einer On-line-Planung weitgehend erhalten, vorausgesetzt die Systemauslegung und die Fertigungsplanung bieten die Grundlage für die entsprechenden Freiheitsgrade (siehe 3.3.3).

Für die Pilotanlage bestand also in erster Linie die Aufgabenstellung darin, den Fertigungsablauf nach einer determinierten Vorgabe unter Beachtung des Prozeßgeschehens zu steuern. Gefordert war ein automatischer Ablauf, was die Einbeziehung zahlreicher Überwachungsaufgaben verlangt. Diese gliedern sich in Aufgaben zur Überwachung des Fertigungsablaufs mit Überprüfungen auf Planungsfehler, erlaubte Bearbeitungsfolgen und Verfügbarkeit sowie in Aufgaben zur Überwachung der Systemkomponenten selbst.

Die Überwachung des Fertigungsablaufs erfordert eine mit dem Prozeß schritthaltende Werkstückzustandsfortschreibung und das Führen des aktuellen Systemzustands (Ist-Ablauf) sowie

den Vergleich mit zulässigen Bearbeitungsfolgen (Soll-Ablauf)
der einzelnen Teile, wie sie im Arbeitsplan festgelegt sind.
Außerdem muß vor der Freigabe eines Arbeitsvorgangs überprüft
werden, ob das entsprechende Werkstück verfügbar ist, ob die
notwendigen Betriebsmittel (bei der Pilotanlage betrifft dies
nur die Werkzeuge) bereitstehen und ob Maschinen und Transporteinrichtungen funktionsfähig sind (vgl. Kap. 4).

Durch eine strenge Trennung der einzelnen Aufgaben und der
Realisierung von weitgehend unabhängigen Programmbausteinen,
die gegenseitig über die in Kapitel 4 beschriebenen Dateien
miteinander verbunden sind, entstand eine komplexe Programmstruktur, wie sie in Bild 6.5 vereinfacht dargestellt ist.

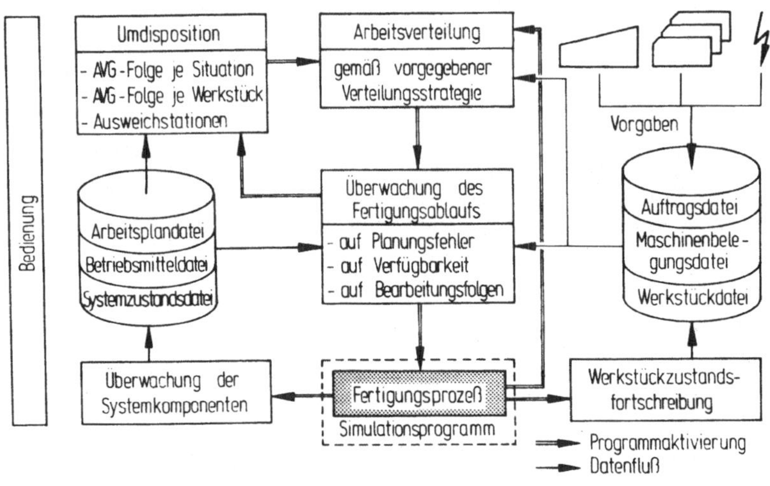

Bild 6.5: Programmstruktur der organisatorischen Steuerung
der Pilotanlage

Mit dieser Konfiguration ist einerseits die Abarbeitung eines
vorgegebenen Fertigungsprogramms mit allen notwendigen Über-

wachungsaufgaben möglich, wobei Störungen angezeigt und manuell durch Änderung der Vorgabe überbrückt werden können. Zum
anderen ist eine automatische Umdisposition mit unterschiedlichen Ausweichstrategien, abhängig vom Systemzustand, einbezogen. Hierzu wurde der Programmbaustein "Umdisposition"
entwickelt, der die Vorgehensweise der Arbeitsverteilung beeinflußt. Die Abarbeitung einer festen Vorgabe wird durch
die Regel "First-In-First-Out (FIFO)" realisiert. Bei Störungen gibt es Regeln, die darauf abzielen, die Auswirkungen
auf den Prozeß möglichst gering zu halten. Werden anstelle
der Umdispositionsstrategien spezielle Planungsregeln vorgegeben, so ist man mit diesem Programmsystem in der Lage,
auch eine On-line-Planung durchzuführen, die bei Bedarf den
jeweils momentan günstigsten Arbeitsvorgang heraussucht.
Die verschiedenen Vorgehensweisen werden im weiteren beschrieben.

Darüberhinaus ist dieses Programmsystem so ausgelegt, daß
auch eine Off-line-Planung damit möglich ist. Hierzu wird
der Fertigungsprozeß durch ein Simulationsprogramm nachgebildet, wodurch der Programmablauf wie bei der On-line-Planung beibehalten werden kann. Die Methode heißt determinierte
Simulation (auch Vorwärtssimulation). Sie ist die "rechne-
rische Nachbildung eines zeitlichen Prozesses, der bei vor-
gegebenem Anfangszustand nach festgelegten Ablauf- und Ent-
scheidungsregeln abläuft" / 25 /.

6.3 Programmbausteine

In diesem Abschnitt sollen die einzelnen Programmbausteine
mit ihren Funktionen, entsprechend den in Kapitel 3 analy-
sierten Grundlagen, vorgestellt werden, wobei mit den Bau-
steinen begonnen wird, die für alle Programmabläufe notwendig sind. Die zugehörigen Dateien sind ausführlich in Kapitel 4 beschrieben.

6.3.1 Arbeitsverteilung

Der Baustein "Arbeitsverteilung" nimmt Arbeitsanforderungen
der Stationen entgegen und vermerkt sie in einer Anforderungs-
liste (Bild 6.6).

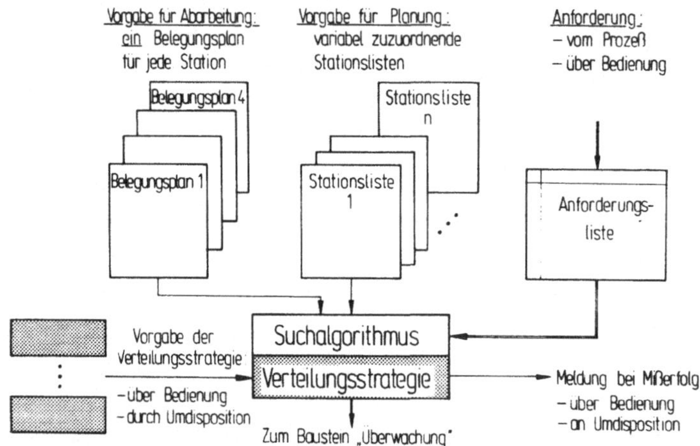

Bild 6.6: Baustein "Arbeitsverteilung"

Diese Anforderungen können je nach Systemauslegung von unterschiedlichen Ereignissen ausgelöst werden. Anzustreben
ist, neue Anforderungen erst bei Bearbeitungsende des vor-
herigen Arbeitsvorgangs zu generieren. Diese Vorgehensweise
erfordert jedoch sehr schnelle Transportsysteme und kann
bei gleichzeitigen Anforderungen mehrerer Maschinen zu Still-
ständen führen. Um dies zu verhindern, besitzt jede Station
der Pilotanlage einen Pufferplatz, so daß Anforderungen bereits vor Bearbeitungsende zu Arbeitsvorgangszuweisungen
und Transportvorgängen führen, ohne daß Wartezeiten entstehen. Erstmalig gestartet wird dieser Baustein über die Bedienung bei Systemanlauf. Während des Betriebs kommen diese
Anforderungen vom Prozeß über die Materialflußsteuerung bei
freigewordenen Maschinenpuffern. Sie können jedoch auch über
Bedienungseingaben erzeugt werden.

Im vorliegenden Programmsystem sind die Vorgaben in sog.
Stationslisten abgelegt, die jeweils einer oder mehreren
Stationen zugeordnet werden können. Für die Abarbeitung ergibt sich je Station nur eine fest zugeordnete Liste, in der
die Belegung genau vorgegeben ist (Arbeitsverteilung ohne
Planung, vgl. Bild 5.2). Für die Planung enthalten die Listen
jeweils nur die auszuführenden Arbeitsvorgänge, die noch
nicht reihenfolgegeplant sind. Die Zuordnung von Listen und
Stationen erfolgt durch Eingabe. Dabei gibt es Listen, die
- fest einer Station,
- gleichberechtigt mehreren Stationen (ODER)
- oder bevorzugt bestimmten Stationen (Vorzugs-ODER) zugeordnet sind.

Die erste Vorgabe ist für eine Arbeitsverteilung mit Reihenfolgeplanung bestimmt (vgl. Bild 5.3), die beiden anderen
sind für eine zusätzliche Kapazitätsplanung vorgesehen (vgl.
Bild 5.4). Aus diesen Vorgaben werden nach einem durch die
Dateistruktur festgelegten Suchalgorithmus, auf den hier
nicht näher eingegangen werden soll, und je nach Programmablauf vorzugebender Verteilungsstrategien die Arbeitsvorgänge
herausgesucht. Bei planmäßiger Abarbeitung geschieht dies in
der Reihenfolge des Eintrags in der Maschinenbelegungsdatei
(FIFO). Bei einer Umdisposition oder einem Planungslauf kommen spezielle Verteilungsstrategien zur Anwendung (siehe 6.4).
Die gefundenen Arbeitsvorgänge werden dem Baustein "Überwachung des Fertigungsablaufs" zur Prüfung übergeben. Läßt
sich mit der gewählten Strategie kein Arbeitsvorgang finden,
führt dies zu einer Meldung an das Bedienungspersonal bzw.
an den Baustein "Umdisposition".

6.3.2 Überwachung des Fertigungsablaufs

Bevor die im Baustein "Arbeitsverteilung" bestimmten Arbeitsvorgänge der Materialflußsteuerung zugewiesen und zur Bearbeitung freigegeben werden, müssen sie verschiedene Über-
wachungsroutinen durchlaufen (Bild 6.7).

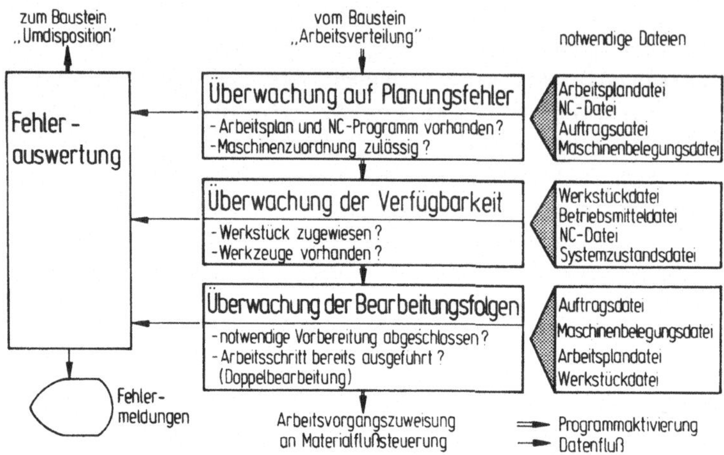

Bild 6.7: Aufbau des Bausteins "Überwachung des Fertigungsablaufs"

Bei der Überwachung auf Planungsfehler wird das Vorhandensein von Arbeitsplan und NC-Programmen sowie die Zulässigkeit der vorgegebenen Maschinenzuordnungen überprüft. Diese Überwachung kann während des Fertigungsablaufs oder bereits bei der Eingabe wirksam sein, wodurch Fehleingaben vermeidbar sind.

Bevor ein Arbeitsvorgang zugewiesen werden darf, muß zuerst überprüft sein, ob das zugehörige Werkstück überhaupt im System ist und ob es momentan noch einer anderen Station zur Bearbeitung zugewiesen ist. Neben der Verfügbarkeit der Werkstücke ist zu prüfen, ob alle zur Bearbeitung notwendigen Werkzeuge vorhanden sind. Die Vorgehensweise ist in 6.4 näher beschrieben. Im Gegensatz zu Überwachung auf Planungsfehler, ~~wo~~ nur Vorgaben zu kontrollieren sind, muß für die Überwachung der Verfügbarkeit der momentane System- und der Werkstückzustand berücksichtigt werden.

Die wichtigste und umfangreichste Überwachungsaufgabe betrifft die Bearbeitungsfolgen. Vor der endgültigen Zuwei-

sung eines Arbeitsvorgangs an die Materialflußsteuerung wird
überprüft, ob die notwendige Vorbearbeitung ausgeführt ist.
Aufgrund der in 4.2.4 vorgestellten zustandsorientierten Arbeitsplandarstellung reduziert sich die Aufgabenstellung auf
einen Vergleich des momentanen Werkstückzustands mit dem für
die Bearbeitungsfreigabe geforderten. Neben unzulässigen Bearbeitungsfolgen lassen sich mit den entwickelten Programmen
auch Doppelbearbeitungen verhindern, die sich durch Zusammen-
fassen von Arbeitsschritten in verschiedenen Arbeitsvorgängen ergeben könnten (vgl. 3.3.2.2).

Darf der von der Arbeitsverteilung übergebene Arbeitsvorgang
aufgrund der Überwachung nicht freigegeben werden, so erfolgt eine Meldung an das Bedienungspersonal und das Beauf-
tragen des Bausteins "Umdisposition".

6.3.3 Werkstückzustandsfortschreibung

Voraussetzung für die Funktion des Bausteins "Überwachung
des Fertigungsablaufs" ist auf der Werkstückseite die "Zustandsfortschreibung". Dieser Baustein wird vom Fertigungsprozeß bei Bearbeitungsende aktiviert.

Dabei erfolgt zuerst eine Überprüfung, ob die Bearbeitung
vollständig abgelaufen ist, oder ob sie abgebrochen wurde.
Bei vollständiger Abarbeitung stimmt die zuletzt ausgege-
bene NC-Satznummer mit der letzten im NC-Programm überein.
Ist dies nicht der Fall, darf die Zustandsfortschreibung nicht
ablaufen und das Werkstück ist für die Weiterbearbeitung gesperrt. Nur eine manuelle Kontrolle und ein Weiterstart beim
abgebrochenen NC-Satz können dies rückgängig machen.

Bei korrekt ausgeführten Arbeitsvorgängen wird das dem Vorgang zugeordnete Zustandswort im Arbeitsplan (siehe 4.2.4.3)
ausgelesen und mit dem Zustandswort in der Werkstückdatei das
neue Werkstückzustandswort gebildet, wie in 4.2.4.2 gezeigt.

6.3.4 Überwachung der Systemkomponenten

In diesem Baustein erfolgt die Systemzustandsfortschreibung
und die Überwachung der einzelnen Systemkomponeten. Für die
organisatorische Steuerung sind vor allem Belegungs- und
Funktionszustände von Interesse. Die Aktualisierung der Be-
legungszustände geschieht automatisch bei Transporten über
die Steuerdatenverarbeitung sowie über Geber und Codeleser
aus dem Prozeß.

An den Arbeitsstationen und dem Materialflußsystem müssen
einzelne Bauelemente und Abläufe der verschiedenen Funktionseinheiten, wie Werkzeugwechseleinrichtungen und Werkstückzu-
führung, überwacht werden. Dies umfaßt einerseits die Einhaltung von vorgegebenen Zeiten, andererseits die richtige
Ausführung jeder einzelnen Funktion. Die Realisierung dieser
Überwachungsaufgaben für die Pilotanlage ist in / 14 / ausführlich beschrieben. Wenn eine fehlerhafte Funktion z.B.
durch Zeitüberwachung erkannt ist, muß das fehlerhafte Bau-
element lokalisiert werden. Geeignete Diagnosesysteme hierfür sind in der Entwicklung / 26 /. Für die organisatorische
Steuerung mit automatischer Umdisposition ist die voraussicht-
liche Störungsdauer wichtiger als die Ursache. Dieser Wert
ist jedoch nur über manuelle Eingaben zu erhalten.

Eine sehr wichtige Aufgabe bei Fertigungssystemen ohne Personal an den einzelnen Stationen ist die Werkzeugüberwachung.
Für die Pilotanlage wurde hierfür ein Verfahren gewählt, das
ähnlich wie bei Transferstraßen und Automaten über die Ein-
griffszeit den Verschleiß näherungsweise bestimmt. Die Vorgehensweise zeigt Bild 6.8. Sie basiert auf einem Vergleich
der tatsächlichen Bearbeitungszeit mit einem vorgegebenen
Standzeitwert.

In der Werkzeugverwaltung wird in einer Liste für jedes Werkzeug neben dem momentanen Platz die aktuelle Reststandzeit
registriert. Ein Zeiterfassungsbaustein ermittelt durch zy-
klisches Abfragen eines Eingriffsensors / 27 / diese Zeit für
das jeweilige Werkzeug in der Spindel.

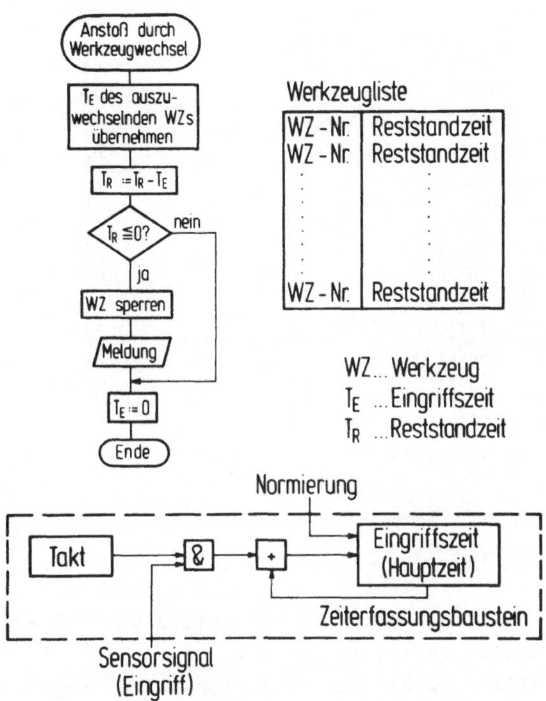

Bild 6.8: Überwachung der Standzeit von Werkzeugen / 5 /

Bei Werkzeugwechsel wird der gewonnene Wert übernommen und
der Zähler des Bausteins normiert. Die Reststandzeit ergibt
sich aus dem alten Standzeitwert, vermindert um die Eingriffs-
zeit. Beim Wert Null ist das Standzeitende erreicht. Das Werkzeug wird für die weitere Bearbeitung gesperrt und ist auszu-
tauschen.

Die aktuellen Werkzeug- und Reststandzeitlisten sind jederzeit vom Bedienungspersonal abrufbar (Bild 6.9). Es lassen
sich sowohl der Belegungszustand der Werkzeugspeicher in Verbindung mit den verbleibenden Reststandzeiten als auch Listen,
die nach Werkzeugnummern oder Reststandzeiten sortiert sind,
ausgeben.

```
RESTSTANDZEITAUSGABE      DATUM 26. 02. 1980      ZEIT  10. 04. 04
LFD.NR          WERKZEUG-NR        RESTZEIT(MIN)         MASCH-NR         PLATZ-NR
001          0529    /1021           051,2                 03               01
002          0528    /1020           057,6                 03               02
003              FREI                  --                  03               03
004              FREJ                  -                   03               04
005              FREI                  --                  03               05
006              FREI                  -                   03               06
007          0777    /1411           066,5                 03               07
008          0226    /0342           068,0                 03               08
009              FREI                  -                   03               09
010          0827    /1473           015,5                 03               10
011          0026    /0032           070,4                 03               11
012          0028    /0034           076,8                 03               12
013          0259    /0403           083,2                 03               13
014          0260    /0404           076,8                 03               14
015          0305    /0461           070,4                 03               15
016          0630    /1166           110,6                 03               16
017          0029    /0035           074,4                 03               17
018          0262    /0406           074,4                 03               18
019          0027    /0033           077,1                 03               19
020          0040    /0050           087,2                 03               20
021          0753    /1361           027,3                 03             SPINDEL
```

Bild 6.9: Reststandzeitliste

6.3.5 Umdisposition

Der Baustein "Umdisposition" ist so aufgebaut, daß er zwar
alle planerischen Freiheiten enthält, jedoch in seinen Auswirkungen möglichst wenig vom geplanten Ablauf wegführt.
Der gesamte Programmbaustein ist in verschiedene Umdispositionsmoduln unterteilt, die in ihrer Wirksamkeit und Reihenfolge veränderbar sind, was eine Anpassung an unterschiedliche Systeme und verschiedene Störungen erlaubt (Bild 6.1o).

Die Zulässigkeit einzelner Moduln und die Reihenfolge ihres
Durchlaufens kann abhängig von der Systemauslegung vorgegeben werden. Außerdem ist es noch möglich, auch während des
Betriebs Veränderungen vorzunehmen und somit die Ausweichstrategie dem Systemzustand anzupassen.

Alle Aktivitäten des Bausteins laufen über die Verwaltung,
in der die Koordination erfolgt. Hier sind gemeinsame Unter-
programme, z.B. für Dateizugriffe, und Datenfelder unterge-
bracht. Während des Umdispositionsvorgangs werden die einzelnen Umdispositionsmoduln gemäß dem Eintrag in der Liste

"Modulfolge" gestartet und bis zum Auffinden eines geeigneten
Arbeitsvorgangs durchlaufen. Danach erfolgen weitgehend die
gleichen Aktivitäten wie beim ungestörten Abarbeiten eines
Maschinenbelegungsplans unter Benutzung der entsprechenden
Bausteine.

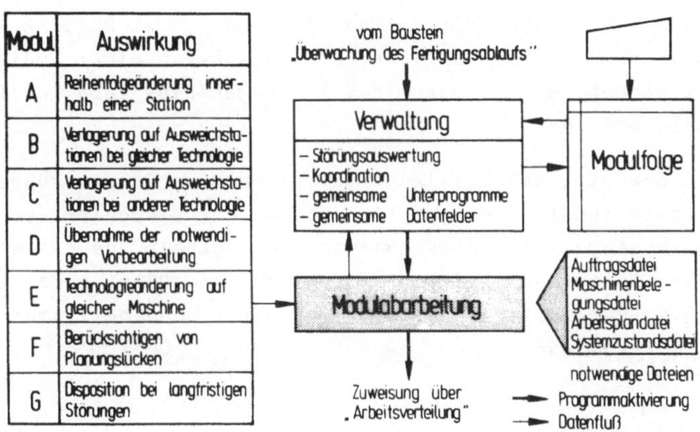

<u>Bild 6.10:</u> Baustein "Umdisposition"

Modul A erlaubt die Reihenfolgeänderung der Arbeitsvorgänge
auf den einzelnen Stationen. Dabei wird der erste zulässige
Arbeitsvorgang der Materialflußsteuerung zugewiesen.

Durch Modul B lassen sich Arbeitsvorgänge bei Bearbeitung mit
gleicher Technologie (gleiches NC-Programm) auf Ausweichstationen verlagern. Modul C gestattet das Übernehmen von Arbeiten aus anderen Maschinenbelegungsplänen bei Bearbeitung
mit geänderter Technologie (Ausweicharbeitsvorgänge).

Modul D liegt die Strategie zugrunde, von gestörten Stationen
die Arbeitsvorgänge abzuziehen, die Voraussetzung für die
Weiterbearbeitung auf anderen Stationen sind. Somit wird möglichst wenig vom ursprünglichen optimierten Fertigungsprogramm abgewichen.

Modul E tritt in Aktion, wenn z.B. wegen fehlender Werkzeuge, Vorrichtungen oder ähnlicher Störungen der geplante Arbeitsvorgang nicht abgearbeitet werden kann. Dabei wird überprüft, ob ein anderes NC-Programm mit den vorhandenen Mitteln den gleichen Bearbeitungsfortschritt erzielen kann.

Um Planungslücken berücksichtigen zu können, ist Modul F vorgesehen. Normalerweise darf bei Planungslücken nicht umdisponiert werden, es sei denn, daß Störungen dies auch in diesem Falle erfordern.

Modul G bewirkt, daß bei längerfristigen Maschinenstörungen die bereits zugeführten und i.a. nicht mehr disponierbaren Arbeitsvorgänge aus den Maschinenpuffern geholt und auf alternative Stationen verlagert werden dürfen. Dabei handelt es sich im Gegensatz zu den übrigen Moduln um eine systembedingte Forderung.

6.3.6 Bedienung

Der Baustein "Bedienung" gliedert sich in ein Gesamtbedienungssystem für die Pilotanlage / 2, 14 / ein. Hier soll nur kurz auf Bedienungsmöglichkeiten, die in unmittelbaren Zusammenhang mit dem vorliegenden Programmsystem stehen, eingegangen werden. Dabei lassen sich folgende Aufgaben unterscheiden:
- Off-line-Aufgaben:
  Programmanwahl, -start,
  Laufparameter eingeben,
  Vorgaben einlesen.

- On-line-Aufgaben:
  Informationsanforderung und -ausgabe,
  Eingriffsmöglichkeiten.

Die Eingaben vor dem eigentlichen Programmlauf erfolgen offline und betreffen die Anwahl des gewünschten Programmlaufs mit Vorgabe der speziellen Parameter und dem Einlesen der zu verarbeitenden Daten.

Andererseits können auch während des Programmlaufs (on-line)
Bedienungseingaben erfolgen. Sie kommen vor allem während der
Durchführung des Fertigungsprozesses vor. Dabei dienen Infor-
mationsanforderungen dazu, daß sich der Bediener ein Bild vom
aktuellen Prozeßzustand und -ablauf machen und mit dem Soll-
Ablauf vergleichen kann. Bild 6.11 zeigt als Beispiel die
Ausgabe der Maschinenbelegung für Maschine 03 mit Kennzeich-
nung zugewiesener und abgearbeiteter Arbeitsvorgänge (letzte
Spalte).

```
MASCHINENBELEGUNGSPLAN                      DATUM 26. 02. 1980 ZEIT 10. 15. 41
*******************************************************************************

MASCHINEN-NR.:  03
AUSGABEMODUS :  GESAMTLISTE


STELLE   ARBEITSVORGANGSNUMMER (AVG-NR)   PAL-NR   ZUGEWIESEN   BEARB.-FOLGE

0001    /0004 0072 13    004 058 11      015      NEIN         01
0002    /0005 0072 13    005 058 11      021      NEIN         02
0003    /0006 0072 13    006 058 11      026      JA           --
0004    /0004 0072 14    004 058 12      015      JA           --
0005    /0005 0072 14    005 058 12      021      NEIN         --
0006    /0006 0072 14    006 058 12      026      NEIN         --
0007    /0004 0072 15    004 058 13      015      NEIN         --
0008    /0005 0072 15    005 058 13      021      NEIN         --
0009    /0006 0072 15    006 058 13      026      NEIN         --
0010    /0004 0072 16    004 058 14      015      NEIN         --
0011    /0005 0072 16    005 058 14      021      NEIN         --
0012    /0006 0072 16    006 058 14      026      NEIN         --
0013    /0004 0072 17    004 058 15      015      NEIN         --
0014    /0005 0072 17    005 058 15      021      NEIN         --
0015    /0006 0072 17    006 058 15      026      NEIN         --
```

Bild 6.11: Ausgabe eines Maschinenbelegungsplans

6.3.7 Simulation

Um das Zusammenwirken der verschiedenen Programmbausteine
und speziell die Auswirkungen unterschiedlicher Ausweichstrategien unabhängig von der Pilotanlage zu untersuchen, sowie das Programmsystem auch zur Maschinenbelegungsplanung
einsetzen zu können, entstand der Baustein "Simulation". Dieser Baustein bildet die Schnittstellen zum übrigen Steuerungs-

system nach und erzeugt die normalerweise vom Prozeß kommenden Meldungen, wie Bearbeitungsbeginn, Bearbeitungsende, Beginn und Ende von Störungen sowie die Arbeitsvorgangsanforderungen. Da die übrigen Programmbausteine ohne Änderungen und mit der gleichen Datenbasis wie während des Fertigungsprozesses arbeiten, spricht man hier von einer Echtzeitsimulation. Bild 6.12 zeigt den Aufbau und die Arbeitsweise des Simulationsbausteins.

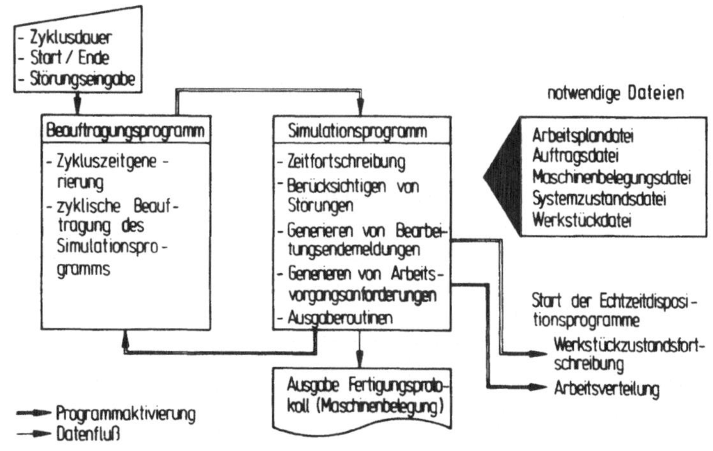

<u>Bild 6.12:</u> Baustein "Simulation"

Vor dem Simulationsstart können Eingaben wie Uhrzeit, Aufträge aus der vorangegangenen Planungsperiode (Vorbelastungsprofil) je Maschine und mehrere Störungen mit Beginn und Ende vorgegeben werden (Bild 6.12). Durch die Wahl der Zykluszeit ist die Ablaufgeschwindigkeit festgelegt. Wenn für die einzelnen Stationen keine Vorbelastung eingetragen ist, startet der Programmlauf mit Anforderungen aller Bearbeitungsstationen.

Jeder Programmzyklus beginnt mit der Abfrage, ob eine oder mehrere Bearbeitungen abgeschlossen sind. Dazu sind in den

Arbeitsplänen die Dauer der einzelnen Arbeitsvorgänge eingetragen; Störungen bewirken einen späteren Fertigstellungs-
zeitpunkt. Bei Bearbeitungsende wird der Baustein "Werkstückzustandsfortschreibung" aktiviert. Danach erfolgen die Neu-
anforderungen.

Parallel zum simulierten Fertigungsablauf wird ein Fertigungs-
protokoll mit einer Zeitachse ausgegeben. Auf einem zweiten
Terminal lassen sich jederzeit Zustandsinformationen abrufen.

6.4 Abarbeitung einer geplanten Maschinenbelegung mit Umdisposition

6.4.1 Beauftragung

Beim automatischen Betrieb der Pilotanlage gibt es zwei Er-
eignisse, die den Programmablauf starten. Zum einen fordert
die Materialflußsteuerung bei Bearbeitungsende einen neuen
AVG an, obwohl auf dem Pufferplatz der entsprechenden Station
noch ein Werkstück zur Bearbeitung bereitsteht. In diesem
Fall spielt die Transportdauer und die Zeit für die Betriebsmittelbereitstellung keine Rolle, da zwischen Anforderung
und spätestem Zuweisungstermin die Bearbeitung eines anderen
Werkstücks erfolgt. Ist zu diesem Zeitpunkt der im Maschinenbelegungsplan vorgesehene Arbeitsvorgang noch nicht zuwei-
sungsbereit, d.h. die notwendige Vorbearbeitung noch nicht
abgeschlossen, wird die Station als "wartend" gesetzt. Dadurch wird bei jedem Bearbeitungsende auf einer anderen Maschine eine erneute Anforderung der wartenden Stationen generiert, da es sich bei der abgeschlossenen Bearbeitung um
die notwendige Vorbearbeitung des auf Zuweisung bereitste-
henden Arbeitsvorgangs handeln kann (Bild 6.13).

Befindet sich bei Bearbeitungsende auf dem Pufferplatz kein
Arbeitsvorgang zur sofortigen Abarbeitung, muß geprüft werden, ob eine Umdisposition möglich ist, falls der im Maschinenbelegungsplan vorgesehene Arbeitsvorgang nicht zugewiesen

werden kann. Durch diese gestaffelte Anforderungspriorität
lassen sich Systeme mit unterschiedlicher Anzahl von Puffer-
plätzen an den Stationen mit dem gleichen Programm berücksichtigen.

6.4.2 Programmablauf

Aufgrund einer Anforderung wird der nächste Arbeitsvorgang
für die Maschine gesucht und auf Zulässigkeit hin überprüft.

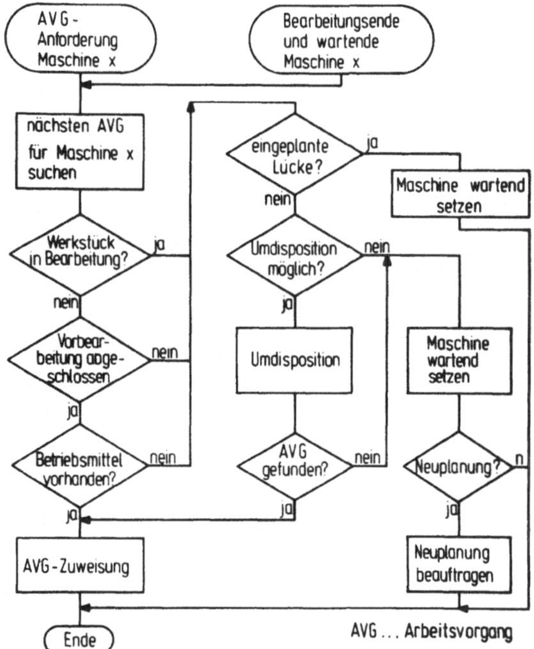

<u>Bild 6.13:</u> Programmablauf der Disposition

Befindet sich z.B. das Werkstück noch auf einer anderen Station in Bearbeitung oder ist generell die notwendie Vorbear-

beitung nicht abgeschlossen und damit der erforderliche Fertigungszustand nicht erreicht, darf keine Zuweisung stattfinden. Die Abfrage, ob die Betriebsmittel und hier speziell die Werkzeuge vorhanden sind, bildet den Anknüpfungspunkt für die Einbeziehung der Werkzeugdisposition in den Programmablauf, wie in Kapitel 7 beschrieben.

Wenn bei der Überwachung keine Fehler festgestellt werden, erfolgt die Zuweisung des gefundenen Arbeitsvorgangs für die anfordernde Station. War im Fertigungsprogramm eine Lücke eingeplant, ist bei ungestörtem Ablauf die Bedingung "notwendiger Fertigungszustand erreicht" nicht erfüllt und die Maschine wartet. Da nach jeder Bearbeitungsendemeldung eine neue Anforderung generiert wird, können diese Lücken ereignisabhängig kürzer oder länger dauern als geplant.

Konnte nach dem vorgegebenen Fertigungsprogramm kein Arbeitsvorgang gefunden werden und war keine Lücke eingeplant, ist eine Umdisposition notwendig. Diese läuft nach der Ausweichstrategie ab, wie sie durch die "Modulfolge" (siehe 6.3.5) vorgegeben ist. Nicht immer führt eine Umdisposition mit den vorhandenen Vorgaben zum Ziel. Dann können zusätzliche Werkstücke ins System gebracht oder muß eine Neuplanung durchgeführt werden.

6.4.3 Auswirkungen der Umdisposition

Als Kriterium für die Bewertung verschiedener Umdispositionsstrategien dient hauptsächlich die Betrachtung der Ausfalldauer aufgrund einzelner Störungen. Jedoch müssen, speziell bei gering automatisierten Fertigungssystemen, auch die durch die Umdisposition zusätzlich anfallenden Tätigkeiten (Umrüsten) betrachtet werden.

Mit den realisierten Umdispositionsmoduln (Kap. 6.3.5) sind prinzipiell die Freiheitsgrade
- variable Arbeitsvorgangsfolgen der Teile,
- freie Reihenfolge der Arbeitsvorgänge an den Stationen

- und Verlagern auf Ausweichstationen (evtl. mit alternativen Arbeitsvorgängen)
möglich. Voraussetzung hierfür sind die in Kapitel 3.3.3 gezeigten Anforderungen bezüglich der Systemauslegung und der
Datenerstellung in der Fertigungsplanung.

Charakteristisch für die Vorgehensweise der Umdisposition
ist, daß sie erst wirksam wird, wenn sich Auswirkungen von
Störungen auf nicht gestörte Stationen ergeben. Dies ist der
Fall, wenn Arbeitsvorgänge auf gestörten Stationen Folgear-
beitsvorgänge auf ungestörten Stationen aufweisen. Daraus ist
zu erkennen, daß die Vorgehensweise der Umdisposition stark
von den vorhandenen Abhängigkeiten (siehe 3.3.2) geprägt ist.
Sind keine derartigen Abhängigkeiten vorhanden, ergeben sich
auch ohne Umdisposition keine zusätzlichen Ausfallzeiten auf
den nicht betroffenen Stationen.

Eine wirksame Umdisposition, die nur auf Reihenfolgeände-
rungen basiert, ist möglich, wenn der Anteil unabhängiger
Bearbeitungen an der Gesamtbearbeitungsdauer größer ist als
der Anteil der Störungszeit. (Bild 6.14).

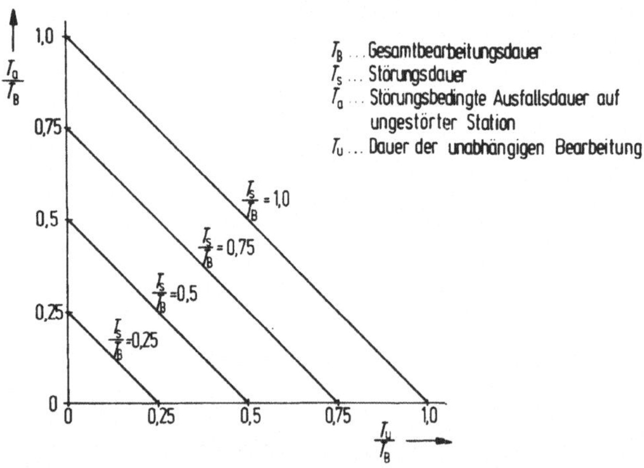

<u>Bild 6.14:</u> Grenzen der Reihenfolgeänderung

Im Bild ist dieser Sachverhalt für verschiedene Verhältnisse von Störungs- zu Gesamtbearbeitungsdauer gezeigt. Wenn die Störungsdauer größer als die Dauer der unabhängigen Bearbeitungen ist, ergeben sich Ausfälle auf nicht betroffenen Stationen. Für diese Fälle genügt als Reaktion die Reihenfolgevertauschung allein nicht.

Jedoch ist es auch hierbei sinnvoll, mit der Reihenfolgeänderung zu beginnen. Erst wenn dieses Vorgehen Ausfälle unbeteiligter Stationen nicht mehr verhindern kann, müssen Arbeitsvorgänge aus fremden Maschinenbelegungsplänen übernommen werden. Dabei ist eine gestufte Vorgehensweise anzuwenden:

1.) Arbeitsvorgänge, die Voraussetzung für die planmäßige Abarbeitung sind, übernehmen (bevorzugt von gestörten Stationen).

2.) Arbeitsvorgänge teilbearbeiteter Werkstücke von gestörten Stationen übernehmen (bei gleicher Technologie).

3.) wie bei 2.), jedoch bei anderer Technologie.

Darüberhinaus sind noch differenziertere Reaktionen durch Kombination der Umdispositionsmoduln möglich. Es lassen sich dabei jedoch keine allgemein gültigen Lösungen angeben, da das zu bearbeitende Werkstückspektrum, der augenblickliche Systemzustand und Auslegungsfragen eine wichtige Rolle spielen.

Bild 6.15 stellt an einem Beispiel über der Zeit den Fertigungsablauf im ungestörten Fall und nach einer Störung mit nachfolgender Umdisposition gegenüber. Im ungestörten Fall sind die Stationen M1...M3 durchgehend belegt, wenn man von den Transportzeiten absieht. Station 4 weist eine Planungslücke auf. Als Ausweichstrategie waren in diesem Beispiel die Moduln A, B und D (siehe Bild 6.10) in dieser Reihenfolge erlaubt. Wegen der Störung auf Station 4 kann Station 3 zum Zeitpunkt 62 nicht wie vorgesehen den Arbeitsvorgang 001/006/03 bearbeiten; vorgezogen wird 001/005/03. Nach des-

sen Bearbeitung findet sich im Maschinenbelegungsplan kein
Arbeitsvorgang, der sofort begonnen werden kann. Deshalb
spricht Modul D an, der die notwendige Vorbearbeitung 02
für den Arbeitsvorgang 001/006/03 von der gestörten Station
abzieht. Durch den veränderten Ablauf muß noch ein weiterer
Arbeitsvorgang vorgezogen werden. Man erkennt an diesem Beispiel die Arbeitsweise der Umdisposition, mit geringer Ver-
änderung die Bearbeitung sicherzustellen. Im Zuge der Umdisposition verschwand außerdem die Planungslücke.

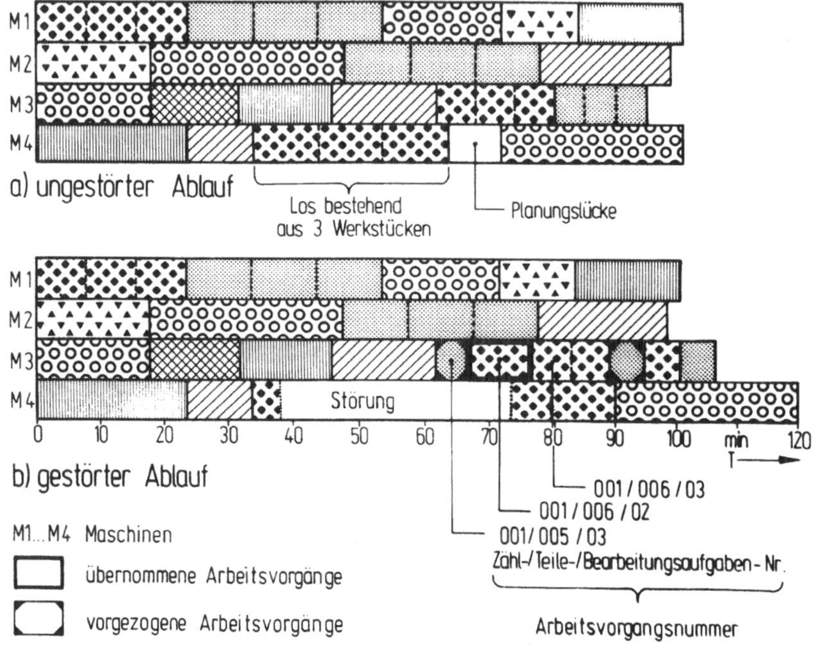

<u>Bild 6.15:</u> Fertigungsablauf bei Maschinenstörung mit Um-
disposition

Die beschriebenen Programme zur Überwachung und Umdisposition
wurden in das Steuerungssystem der Pilotanlage integriert und
im praxisnahen Betrieb erprobt.

6.5 Maschinenbelegungsplanung

Neben den gezeigten prozeßbegleitenden Aufgaben, die zur
Durchführung der Fertigung nötig sind, kann das Programmsystem auch die Maschinenbelegungsplanung übernehmen. Hierfür sind nur geringe Modifikationen und zusätzliche Programme erforderlich.

6.5.1 Methode

Wie bereits in Kapitel 5 behandelt, läßt sich die Maschinenbelegungsplanung on-line, schritthaltend mit der Abarbeitung, oder off-line, vor dem eigentlichen Fertigungsprozeß,
durchführen. Mit dem vorliegenden Programmsystem ist beides
möglich. In beiden Fällen erfolgt die Planung mit Prioritätsregeln, die als Verteilungsstrategie vorgegeben werden können. Auch der Programmablauf ist gleich, jedoch wird bei
der Off-line-Planung der Fertigungsprozeß durch einen Simulationsbaustein (siehe 6.3.7) nachgebildet. Wie bei fast
allen Modularprogrammen, die eine Reihenfolgeplanung enthalten, ergibt sich dadurch eine determinierte Simulation
als Verfahren / 25 /, wobei hier die Echtzeitprogramme zum
Einsatz kommen.

Aus der Vielzahl möglicher Prioritätsregeln / 25 / wurden
die ausgewählt, die den Anforderungen von FFS gerecht werden. Wichtigstes Optimierungsziel ist hier die maximale Kapa-
zitätsauslastung der Stationen. Minimale Durchlaufzeiten und
Zwischenlagerkosten spielen eine untergeordnete Rolle, da
lediglich die Auflage besteht, die vorgesehenen Werkstücke
im Planungszeitraum zu fertigen. Früherer oder späterer Fer-
tigungstermin innerhalb dieser Planungsperiode ist unwichtig, da die fertigen Werkstücke bei einem 3/1-Schicht-Be-
trieb (siehe 2.1) erst in der Bedienschicht zu Beginn der
neuen Planungsperiode abgespannt werden können.

Deshalb kommen die Prioritätsregeln zur Anwendung, die maximale Kapazitätsausnutzung und gleichmäßige Belastung der Stationen garantieren / 25 /:

- kürzeste Operationszeit (KOZ),
- Fertigungsfolgeregel (FOL),
- Arbeitsvorratsregel (VOR).

Die erste Regel wählt aus der Menge möglicher Arbeitsvorgänge den mit der kürzesten Bearbeitungsdauer aus, die zweite den mit den meisten Nachfolgevorgängen (modifizierte Schlupfzeitregel). Die Arbeitsvorratsregel bevorzugt solche Arbeitsvorgänge, die auf der Station mit dem geringsten Arbeitsvorrat einen Folgevorgang besitzen. Diese Regeln gewährleisten zu jedem Zeitpunkt möglichst viele freigegebene Arbeitsvorgänge vor den einzelnen Stationen. Dies ist wichtig, um bei Störungen genügend Spielraum für Umdispositionsstrategien zu haben (siehe 6.4.3). Speziell zur Erhöhung dieses Spielraums ist die "Pflichtarbeitsregel" (PFL) hinzugekommen, die Arbeitsvorgänge vorzieht, die nicht von Ausweichstationen übernommen werden können. Zur Einbeziehung externer Prioritäten dient die "Eilauftragsregel" (EIL). Damit lassen sich einzelne Aufträge bevorzugen.

6.5.2 Programmablauf

Als Vorgabe für den Planungslauf kommen sowohl kapazitätsmäßig vorgeplante, fest einer Station zugeordnete als auch mehreren Stationen zuzuordnende Arbeitsvorgänge (ODER, Vorzugs-ODER) in Frage.

Bei Arbeitsanforderungen aus dem Prozeß (On-line-Planung) bzw. über den Baustein "Simulation" (Off-line-Planung) wird nach den vorgegebenen Prioritätsregeln der nächste zuweisungsberechtigte Arbeitsvorgang für die anfordernde Station herausgesucht, durchläuft die Überwachungsbausteine und wird zugewiesen (Bild 6.16).

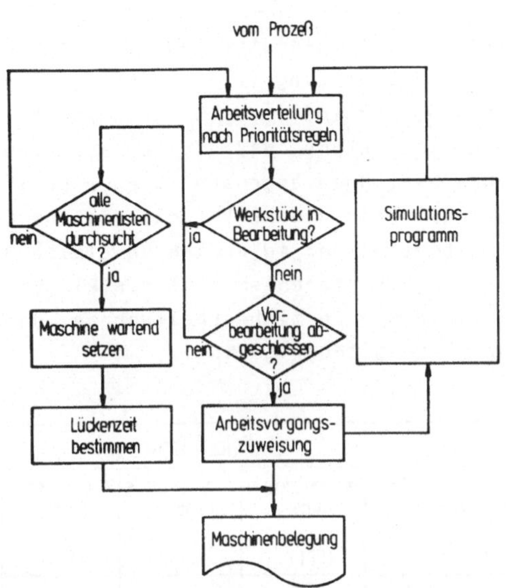

Bild 6.16: Programmablauf bei der Maschinenbelegungsplanung

Bei der On-line-Planung erfolgt der nächste Planungsvorgang
erst, wenn eine weitere Station mit der Bearbeitung fertig
ist. Der Simulationsbaustein, der den Prozeß nachbildet,
rafft diese Zeit und ermöglicht somit eine schnelle Off-
line-Planung.

6.5.3 Auswirkungen der verschiedenen Prioritätsregeln

Bild 6.17 zeigt Auswirkungen der Prioritätsregeln auf die
verschiedenen Optimierungsziele. Sie wurden durch zahlreiche Testläufe mit variierenden Parametern (unterschiedliche
Fertigungsstufen der Teile, verschiedene Bearbeitungsdauern)
ermittelt und decken sich weitgehend mit Untersuchungen
in / 29 /. Der Vorteil der KOZ-Regel zeigt sich besonders
dann, wenn auf vielen Maschinen nur eine geringe Auslastung
gegeben ist. Durch die Bearbeitung des jeweils kürzesten Ar-

beitsvorgangs werden am schnellsten ein oder mehrere Folge-
arbeitsvorgänge zur Bearbeitung frei. Bei flexiblen Fertigungssystemen mit unterschiedlichem Werkstückspektrum bedarf
diese Regel der Einschränkung, daß sie nur auf Arbeitsvorgänge mit Folgebearbeitungen angewandt werden sollte. Die
Fertigungsfolgenregel hält die Werkstücke bis zum Ende der
Planungsperiode untereinander in annähernd gleichem Bear-
beitungsstand. Hierdurch stehen am Ende der Planungsperiode
noch viele Werkstücke zur Fertigbearbeitung an; deshalb ist
das Risiko einer Lückenbildung gering.

Optimierungsziel	Prioritätsregel				
	kürzeste Operationszeit-regel (KOZ)	Fertigungsfolgen-regel (FOL)	Arbeitsvorrats-regel (VOR)	Pflichtarbeits-regel (PFL)	Eilauftrags-regel (EIL)
maximale Kapazitäts-auslastung	sehr gut	sehr gut	gut	schlecht	schlecht
gleichmäßige Kapazitätsauslastung	gut	gut	mäßig	mäßig	mäßig
minimale Lager- und Palettenkosten	mäßig	schlecht	mäßig	mäßig	sehr gut
Planeinhaltung bei Ablaufstörungen	mäßig	gut	gut	sehr gut	schlecht

Bild 6.17: Wirksamkeit von Prioritätsregeln

Die Arbeitsvorratsregel schafft ein gleichmäßiges Auftrags-
polster für alle Maschinen. Damit wird erreicht, daß unterschiedliche Arbeitsvorgänge an einem Werkstück zeitlich entkoppelt werden, was bei Störungen im realen Betrieb wichtig
ist.

Die Regel zur Bevorzugung der Pflichtarbeitsvorgängen ist
als Planungsregel nur im Zusammenspiel mit anderen sinnvoll,
da sie lediglich auf den Störungsfall ausgerichtet ist.

Es hat sich gezeigt, daß die besten Planungsergebnisse durch
Kombination der verschiedenen Regeln erreichbar sind. Außerdem ist es sinnvoll, bei Beginn der Planung andere Kombina-
tionen als gegen Ende anzuwenden; z.B. hat die KOZ-Regel nur
einen Sinn, solange abhängige Arbeitsvorgänge zu verplanen
sind, ebenso natürlich die Fertigungsfolgenregel. Dieser Sachverhalt ist im vorliegenden Programmsystem berücksichtigt.
Die besten Ergebnisse wurden bei folgender Vorgehensweise
erreicht:

Bei Planungsbeginn: KOZ, FOL, PFL, VOR.
Nach 1/3 der Zeit: FOL, KOZ, VOR, PFL.
Nach 2/3 der Zeit: FOL, VOR, PFL, KOZ.

Da die Entwicklung eines in sich geschlossenen Programmsystems zur organisatorischen Steuerung von FFS im Vordergrund stand, war in diesem Fall der Nachweis der Funktions-
fähigkeit wichtiger als die Verbesserung des Verfahrens
selbst. Die gefundenen Egebnisse sollen deshalb lediglich
Orientierungshilfe für künftige Weiterentwicklungen in dieser Richtung sein.

7 Einbeziehung des Werkzeugflusses in den Fertigungsablauf

Bei Fertigungssystemen mit automatischem Werkzeugfluß, wie er auch in der Pilotanlage aufgebaut wird, muß dieser in den übrigen Fertigungsablauf einbezogen werden. In diesem Kapitel sollen deshalb die damit anfallenden Aufgaben kurz beleuchtet und die steuerungstechnische Verknüpfung mit dem Programmsystem in Kapitel 6 beschrieben sowie die Realisierung für die Pilotanlage vorgestellt werden.

7.1 Aufgaben

Die Aufgabe eines automatischen Werkzeugflusses ist die zeitgerechte Versorgung der Bearbeitungsstationen mit Werkzeugen. Unterschiedliche Auslegungen des Fertigungssystems und verschiedene Automatisierungsgrade der Werkzeugspeicher und -transporteinrichtungen erfordern auf die betreffende Anlage zugeschnittene Steuerungsstrategien, die auf allgemeingültigen Grundbausteinen aufgebaut sind, deren Aufgabe denen der Disposition für die Werkstücke gleichen; deshalb spricht man hier von Werkzeugdisposition. Die Aufgaben der Werkzeugdisposition im einzelnen sind:

- Ermitteln des Werkzeugbedarfs für eine Planungsperiode,
- Werkzeugverwaltung,
- ablaufbedingtes Bestimmen der Werkzeugfolge für die Stationen,
- Ermitteln fehlender Werkzeuge an den Stationen und
- Bestimmen der auszutauschenden Werkzeuge.

Aufgrund der auszutauschenden Werkzeuge müssen danach die für die Gerätesteuerungen benötigten Steuerdaten abgeleitet werden. Die Aufgaben entsprechen jenen der Werkstückflußsteuerung:

- Zusammenstellen von Transportaufträgen,
- Ermitteln der Transportfolge,

- Festlegen der Transportwege,
- Generieren der Transportsteuerdaten und
- Koordinieren der Transportvorgänge.

7.2 Werkzeugdisposition

Der Werkzeugbedarf für eine Planungsperiode läßt sich an-
hand des vorgesehenen Fertigungsprogramms ermitteln. Dabei
wird sowohl der Grundbedarf an Werkzeugen, als auch die vor-
aussichtliche Anzahl verschleißbedingter Ersatzwerkzeuge für
eine Planungsperiode bestimmmen. Bei FFS mit zentralem Werkzeugspeicher ist es nicht notwendig, für jede Bearbeitungs-
station einen vollständigen Werkzeugsatz bereitzustellen, da
ein freier Zugriff zu den Werkzeugen besteht.

Grundlage für eine automatische Werkzeughandhabung ist die
Werkzeugverwaltung mit Buchführung des Speicherorts (Zen-
tralspeicher- oder Maschinenmagazinplatz) der einzelnen Werkzeuge. Da im System gleiche Werkzeuge mehrfach auftreten,
sind diese mit einer Identnummer und einer Zählnummer zum
gezielten Suchen zu kennzeichnen.

Für einen vorausschauenden Werkzeugaustausch muß man die
Werkzeugfolge und die Zeitpunkte des erst- und letztmaligen Gebrauchs der Werkzeuge kennen. Diese Informationen
können aktuell aus den NC-Programmen gewonnen oder geson-
dert verwaltet werden.

In dem für die Pilotanlage verwirklichten System erfolgt
das Ermitteln der Werkzeugdaten erst zum Zeitpunkt der Sta-
tionszuordnung eines Arbeitsvorgangs. Auf diese Weise ergibt sich für jede Station eine Werkzeugbedarfsliste, die
jeweils die Werkzeuge für zwei Arbeitsvorgänge umfaßt, entsprechend den beiden Werkstückplätzen (Arbeitsplatz, Pufferplatz) an jeder Station. Die Zeitpunkte der jeweils erst-
und letztmaligen Verwendung in den NC-Programmen sind durch
NC-Programmsatznummern angegeben.

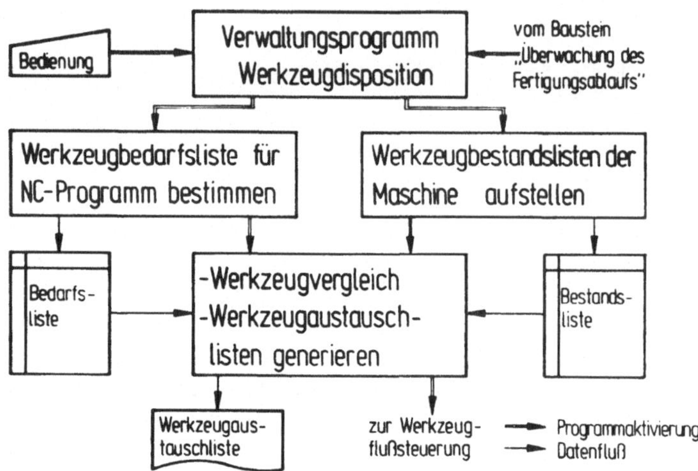

<u>Bild 7.1:</u> Werkzeugdisposition

Bild 7.1 zeigt die Vorgehensweise bis zur Ausgabe der auszutauschenden Werkzeuge. Vor der Zuweisung eines Arbeitsvorgangs für eine Station wird im Rahmen der Überwachung des
Fertigungsablaufs (siehe 6.3.2) die Werkzeugdisposition automatisch angestoßen. Diese Werkzeugüberprüfung kann auch über
die Bedienung gestartet werden.

Getrennte Programme erzeugen die Werkzeugbedarfsliste (Soll)
und die Werkzeugbestandsliste (Ist). Der Vergleich der beiden Listen liefert die ein- und auszutauschenden Werkzeuge.
Diese Informationen dienen der Steuerung des Werkzeugflusses
als Grundlage für Austauschvorgänge. Bild 7.2 zeigt eine
solche Austauschliste in Klartext, wie sie für die manuelle
Werkzeugbereitstellung notwendig ist. Im oberen Teil des
Rechnerausdruckes sind alle fehlenden Werkzeuge mit NC-Satz-
nummern, Magazinplatznummern und den dafür auszutauschenden
Werkzeugen aufgeführt. Im unteren Teil ist angegeben, von
welcher Station die Werkzeuge abzuziehen sind, bzw. welche
im System nicht zur Verfügung stehen.

```
FEHLENDE WERKZEUGE AN MASCHINE 4 FUER NC-PROGRAMMNUMMER 0004
WZ-NR.: GEBRAUCHT BEI SATZ-NR.:   TAUSCHEN GEGEN WZ-NR.:      PLATZ-NR.:
0753    /1361           0002                      -----            0003
0630    /1166           0019                      -----            0007
0827    /1473           0075                      -----            0008
0777    /1411           0090                      -----            0009
0029    /0035           0283                      -----            0010
0262    /0406           0323                      -----            0011
0027    /0033           0396                      -----            0012
0040    /0050           0410                      0037             0001
0529    /1021           0418                      0252             0002
0528    /1020           0426                      0031             0004
0028    /0034           0434                      0359             0005
0260    /0404           0462                      0251             0006


FOLGENDE WERKZEUGE SIND AUSZUTAUSCHEN:
WZ /0050 VON M 1   NACH M 4
WZ /0406 VON M 2   NACH M 4
WZ /0035 VON M 2   NACH M 4
WZ /1411 VON M 3   NACH M 4
WZ /0033 VON M 3   NACH M 4
WZ /1166 VON M 3   NACH M 4
WZ /1021 VON M 3   NACH M 4
WZ /1020 VON M 3   NACH M 4
WZ /0404 VON M 3   NACH M 4

FOLGENDE WERKZEUGE SIND NICHT IM SYSTEM
WZ-NR.:
   /1361
   /1473
   /0034
```

<u>Bild 7.2:</u> Ausgabe von Werkzeugaustauschlisten

Für den geplanten automatischen Werkzeugaustausch leiten sich
aus diesen Listen Transportaufträge ab, die entsprechend der
Auslegung des Werkzeugflußsystems verarbeitet werden. Hierauf
wird in dieser Arbeit nicht eingegangen, weil die entsprechenden Aufgaben unterhalb der Disposition in der Materialflußsteuerung angesiedelt sind / 12, 16 /.

8 Zusammenfassung

Als Grundlage für Aussagen über Aufgabenart und -umfang der organisatorischen Steuerung von FFS wurden in einem ersten Teil Analysen der vom Werkstückspektrum und der Systemauslegung herrührenden Einflußgrößen durchgeführt.

Es war eine Datenbasis zu schaffen, die allgemeine Lösungen erlaubt und dabei für verschiedene Systemauslegungen und Werkstückspektren anwendbar ist. Dies betraf besonders die Arbeitspläne, da sie sowohl für die Planung als auch für zahlreiche Überwachungsaufgaben im Rahmen der Abarbeitung Informationen enthalten müssen. Es wurde deshalb eine Arbeitsplandarstellung entwickelt, die beliebige Bearbeitungsfolgen sowie Ausweichmaschinen berücksichtigt. Von ihrer Struktur sind diese Arbeitspläne auf die anfallenden Aufgaben im Rahmen der Echtzeitverarbeitung ausgelegt. Im Zusammenwirken mit Dateien, die den Fertigungsablauf und den Systemzustand beschreiben, lassen sich verschiedene Strukturvarianten der organisatorischen Steuerung mit Regelkreisfunktionen verwirklichen.

Im zweiten Teil der Arbeit wird die Entwicklung von Programmbausteinen auf dieser Datengrundlage unter Berücksichtigung der Strukturuntersuchungen für eine Pilotanlage beschrieben. Außerdem werden Strategien bei der Abarbeitung einer geplanten Maschinenbelegung, die notwendigen Überwachungsaufgaben sowie die Möglichkeiten und Auswirkungen einer Umdisposition im Störungsfalle analysiert. Darauf aufbauend ist eine Lösung für die Maschinenbelegungsplanung von FFS dargestellt, bei der die Planung sowohl vorab als auch prozeßbegleitend erfolgen kann.

Schritthaltend mit dem Fertigungsprozeß müssen die Werkzeuge zu den Bearbeitungsstationen gebracht werden, was eine steuerungstechnische Einbeziehung des Werkzeugflusses in den Fertigungsablauf verlangt. Auch hierfür sind die Vorgehensweise und die Programmbausteine beschrieben.

Die gesamten Programme wurden in das Steuerungssystem einer Pilotanlage integriert und erprobt. Durch eine aufgabenorientierte, modulare Programmstruktur auf der Grundlage einer allgemeinen Datenbasis handelt es sich bei den vorgestellten Entwicklungen um weitgehend auf verschiedene Fertigungssysteme übertragbare Lösungsansätze. Eine wirklich portable Software kann jedoch erst durch den Einsatz von höheren Programmiersprachen geschaffen werden.

Berichte aus dem Institut für Steuerungstechnik der Werkzeugmaschinen und Fertigungseinrichtungen der Universität Stuttgart

Herausgegeben von Prof. Dr.-Ing. G. Stute

Erschienen:

ISW 1: D. Schmid, Numerische Bahnsteuerung, 89 S., 1972

ISW 2: H. Schwegler, Fräsbearbeitung gekrümmter Flächen, 111 S., 1972

ISW 3: J. Eisinger, Numerisch gesteuerte Mehrachsenfräsmaschinen, 90 S., 1972

ISW 4: R. Nann, Rechnersteuerung von Fertigungseinrichtungen, 125 S., 1972

ISW 5: G. Augsten, Zweiachsige Nachformeinrichtungen, 140 S., 1972

ISW 6: B. Karl, Die Automatisierung der Fertigungsvorbereitung durch NC-Programmierung, 121 S., 1972

ISW 7: H. Eitel, NC-Programmiersystem, 117 S., 1973

ISW 8: E. Knorr, Numerische Bahnsteuerung zur Erzeugung von Raumkurven auf rotationssymmetrischen Körpern, 131 S., 1973

ISW 9: S. Bumiller, Viskohydraulischer Vorschubantrieb, 123 S., 1974

ISW 10: K. Maier, Grenzregelung an Werkzeugmaschinen, 139 S., 1974

ISW 11: J. Waelkens, NC-Programmierung, 159 S., 1974

ISW 12: E. Bauer, Rechnerdirektsteuerung von Fertigungseinrichtungen, 138 S., 1975

IWS 13: H. König, Entwurf und Strukturtheorie von Steuerungen für Fertigungseinrichtungen, 206 S., 1976

ISW 14: H. Damson, Fünfachsiges NC-Fräsen, 143 S., 1976

ISW 15: H. Jetter, Programmierbare Steuerungen, 141 S., 1976

ISW 16: H. Henning, Fünfachsiges NC-Fräsen gekrümmter Flächen, 179 S., 1976

ISW 17: K. Boelke, Analyse und Beurteilung von Lagesteuerungen für numerisch gesteuerte Werkzeugmaschinen, 106 S., 1977

ISW 18: F.-R. Götz, Regelsystem mit Modellrückkopplung für variable Streckenverstärkung, 116 S., 1977

ISW 19: H. Tränkle, Auswirkungen der Fehler in den Positionen der Maschinenachsen beim fünfachsigen Fräsen, 103 S., 1977

ISW 20: P. Stof, Untersuchungen über die Reduzierung dynamischer Bahnabweichungen bei numerisch gesteuerten Werkzeugmaschinen, 118 S., 1978

ISW 21: R. Wilhelm, Planung und Auslegung des Materialflusses flexibler Fertigungssysteme, 158 S., 1978

ISW 22: N. Kappen, Entwicklung und Einsatz einer direkten digitalen Grenzregelung für eine Fräsmaschine mit CNC, 123 S., 1979

ISW 23: H. G. Klug, Integration automatisierter technischer Betriebsbereiche, 124 S., 1978

ISW 24: D. Binder, Interpolation in numerischen Bahnsteuerungen, 132 S., 1979

ISW 25: O. Klingler, Steuerung spanender Werkzeugmaschinen mit Hilfe von Grenzregeleinrichtungen (ACC), 124 S., 1979

ISW 26:   L. Schenke, Auslegung einer technologisch-geometrischen Grenzregelung für die Fräsbearbeitung, 113 S., 1979

ISW 27:   H. Wörn, Numerische Steuersysteme. Aufbau und Schnittstellen eines Mehrprozessorsteuersystems, 141 S., 1979

ISW 28:   P. B. Osofisan, Verbesserung des Datenflusses beim fünfachsigen NC-Fräsen, 104 S., 1979

ISW 29:   J. Berner, Verknüpfung fertigungstechnischer NC-Programmiersysteme, 101 S., 1979

ISW 30:   K.-H. Böbel, Rechnerunterstütze Auslegung von Vorschubantrieben, 113 S., 1979

ISW 31:   W. Dreher, NC-gerechte Beschreibung von Werkstücken in fertigungstechnisch orientierten Programmsystemen, 105 S., 1980

ISW 32:   R. Schurr, Rechnerunterstützte Projektierung hydrostatischer Anlagen, 115 S., 1981

ISW 33:   W. Sielaff, Fünfachsiges NC-Umfangsfräsen verwundener Regelflächen. Beitrag zur Technologie und Teileprogrammierung, 97 S., 1981

ISW 34:   J. Hesselbach, Digitale Lageregelung an numerisch gesteuerten Fertigungseinrichtungen, 111 S., 1981

ISW 35:   P. Fischer, Rechnerunterstützte Erstellung von Schaltplänen am Beispiel der automatischen Hydraulikplanzeichnung, 111 S., 1981

ISW 37:   W. Döttling, Flexible Fertigungssysteme – Steuerung und Überwachung des Fertigungsablaufs, ca. 105 S., 1981

In Vorbereitung:

ISW 36:   U. Ackermann, Rechnerunterstützte Auswahl elektrischer Antriebe für spanende Werkzeugmaschinen, ca. 118 S., 1981

Springer-Verlag
Berlin · Heidelberg · New York